国家重点研发项目计划"国家公共安全应急平台"资助项目（2018YFC0807000）成果

典型自然灾害 时空态势分析与 风险评估

李英冰　陈敏　著

编委会：

李英冰　陈　敏　唐海吉　高蕴灵　邹子昕

张可可　蔡　林　王　威　刘海珠　刘　双

张　岩　杨　柳　张　昱　周　石　黄舒哲

武汉大学出版社

图书在版编目(CIP)数据

典型自然灾害时空态势分析与风险评估/李英冰,陈敏著.—武汉:
武汉大学出版社,2021.4

ISBN 978-7-307-22018-8

Ⅰ.典… Ⅱ.①李… ②陈… Ⅲ.自然灾害—灾害防治—研究
Ⅳ.X43

中国版本图书馆 CIP 数据核字(2020)第 257043 号

本书中图 3.3、图 3.4、图 3.15、图 3.16 的审图号为 GS(2020)6577 号。

责任编辑:鲍 玲   责任校对:汪欣怡   版式设计:韩闻锦

出版发行:**武汉大学出版社** (430072 武昌 珞珈山)
(电子邮箱:cbs22@whu.edu.cn 网址:www.wdp.com.cn)
印刷:武汉科源印刷设计有限公司
开本:720×1000 1/16 印张:14.25 字数:254 千字 插页:1
版次:2021 年 4 月第 1 版 2021 年 4 月第 1 次印刷
ISBN 978-7-307-22018-8 定价:59.00 元

前　　言

在全球范围，每一年都会有自然灾害造成人员伤亡和巨大的经济损失。例如 2004 年 12 月 26 日苏门答腊岛发生 9 级地震，产生的大海啸袭击了几百乃至几千公里外的不设防的海岸带，遇难者总数将近 30 万人，近千万人沦为难民。2005 年"卡特里娜"飓风造成 1836 人死亡和 1750 亿美元的经济损失，等等。虽然地震、海啸、飓风是自然事件，难以避免，但是人类的决策能减轻自然界极端事件产生的负面影响。例如可以借助海啸预警系统提前发布海啸到达时间，指导人们做好科学的防范，以实现大幅度降低人员伤亡损失。

我国十分重视自然灾害理论与实践的研究。习近平总书记在向汶川地震十周年国际研讨会暨第四届大陆地震国际研讨会的致信中强调"科学认识致灾规律，有效减轻灾害风险，实现人与自然和谐共处"。科技部启动了"重大自然灾害监测预警与防范"专项研究，针对重大地震灾害、重大地质灾害、极端气象灾害、重大水旱灾害综合监测预警与防范中的核心科学问题，形成并完善了从全球到区域、单灾种和多灾种相结合的多尺度分层次重大自然灾害监测预警与防范科技支撑能力。

自然灾害问题并没有随着社会发展得到有效遏制，随着承灾体越来越复杂，造成的损失也越来越严重。如何将最新科研成果应用于减灾抗灾工作中，以降低灾害带来的损失，是需要深入研究的课题。特别是在灾害应急处置决策中，需要在灾害事件演化规律的基础上正确判断发展态势，结合历史典型案例的经验知识，为事件应对提供细节性的经验支持，根据应急预案和其他应急决策手段，进行精准有效的应急决策，从而实现断链减灾。本书主要利用地理空间信息、应急管理、机器学习等相关理论与方法，对台风、城市内涝等典型自然灾害进行分析，探索灾害的时空发展态势及其演化规律，为灾害应急处置服务。

本书是在国家重点研发项目计划"国家公共安全应急平台"（2018YFC0807000）支持下完成的。本书是研究团队的集体智慧结晶，感谢团队里的罗年学教授、孙海燕教授、巢佰崇教授，胡春春副教授、赵前胜副教授。作者在撰写过程中曾与中国中央党校(国家行政学院)邓云峰教授进行过多次讨论，每次讨论都让我受益匪浅。感谢中国中央党校(国家行政学院)李兵、王双燕，中国疾病预防控制中心牛艳，中国安全生产科学研究院张旭旭，不同研究领域的思想交流碰撞常常带来新的研究方向。感谢武汉大学出版社的王金龙社长对本书出版工作的大力支持。

　　自然灾害致灾机理和演化过程十分复杂，本书仅能管中窥豹，不足之处，敬请批评指正。

李英冰

2020 年 8 月

目 录

第1章 绪 论

地球在自然进程中持续地汇聚能量并加以释放，这一动态过程常常会引发地震、火山喷发、洪水、海啸、森林火灾、暴雨、滑坡等自然灾害事件，给人类社会造成深重影响，全球每年因自然灾害死亡的人数超过6万人，经济损失更是不计其数。图1.1展示了1960—2019年的全球地震、极端天气、洪水、滑坡这四类典型自然灾害发生次数和死亡人数的统计结果。由图可见，一次能量级别高的地震或极端天气事件往往造成数以十万计的人员伤亡，近年来极端天气和洪涝灾害的发生频次呈现出明显的上升趋势。

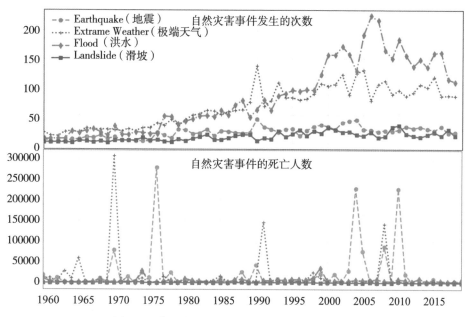

图 1.1　典型自然灾害事件发生频次与死亡人数

（数据来源：https：//ourworldindata.org/natural-disasters）

我国幅员辽阔，地理环境多样，气候条件复杂，自然灾害地域分布广泛，灾害种类多且发生频繁，除现代火山活动导致的灾害外，几乎所有的自然灾害，如水灾、旱灾、地震、台风、冰雹、雪灾、山体滑坡、泥石流、病虫害、森林火灾等，每年都有发生，所造成的经济损失在国民经济中占很大的比重。许多自然灾害，特别是等级高、强度大的自然灾害常常诱发出一连串的其他灾害和社会事件，这对应急管理和灾害研究提出了严峻的挑战。

"十二五""十三五"规划和党的十八大报告均明确提出：要"加强防灾减灾体系建设，提高气象、地质、地震灾害防御能力"。中央于 2018 年 3 月根据第十三届全国人民代表大会第一次会议批准的国务院机构改革方案设立了应急管理部。习近平在 2018 年 10 月中央财经委员会第三次会议上强调，"加强自然灾害防治关系国计民生，要建立高效科学的自然灾害防治体系，提高全社会自然灾害防治能力，为保护人民群众生命财产安全和国家安全提供有力保障"。加强自然灾害演化规律的研究对于提高应急管理能力、保障公共安全有着十分重要的意义。

然而，自然灾害发生过程中涉及自然环境和人类社会的多个环节，多个要素及其复杂的关系为灾害规律的研究工作带来了许多挑战。如何表达灾害事件和灾害要素，如何组织灾害、人、应急响应等多方面的信息，如何从历史案例和网络大数据中挖掘有用信息、分析灾害在时间、地理空间、网络空间的演化过程和规律……这些都是研究者所面临的问题。

1.1　基本原理与术语

本书主要针对台风、城市内涝等典型自然灾害开展研究，主要场景和技术路线如图 1.2 所示。

一次自然灾害事件涉及初始灾害、可能引发的次生灾害，受影响的环境、人、采取的应急救援处置措施等多类要素，为了清楚地描述灾害事件，必须对这些要素进行界定和分类。范维澄院士从应急管理角度提出了公共安全三角形理论，为描述灾害事件提供了基本框架。如图 1.2 右下，在自然灾害事件及其应对中存在三条主线，其一为灾害体，是自然灾害事件本身；其二为承灾体，是灾害事故作用的对象；其三为抗灾体，是采取应对措施的过程。灾害体、承灾体和抗灾体构成公共安全三角形的三条边，连接三条边的节点统称为灾害要素，分别包括物质、能量和信息。灾害要素本质上是一种客观存在，这些灾害要素超过临界量或遇到一定的触发条件就可能导致灾害事件，在未超过临界量

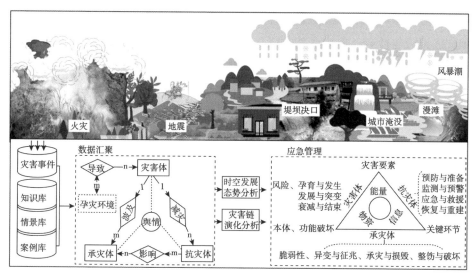

图 1.2 典型自然灾害场景及研究技术路线

或未被触发前并不会形成破坏作用。

(1) 灾害体,是指可能会给人、物或社会系统带来灾害性破坏的事件,通常表现为灾害三要素的灾害性作用。对突发事件的研究重点在于了解其孕育、发生、发展和突变的演化规律,认识灾害体作用的类型、强度和时空分布特性,研究的结果将能为预防突发事件的发生、阻断突发事件多极突变成灾的过程、减弱突发事件作用,提供科学支撑,并能为突发事件的监测监控和预测预警、掌握实施应急处置的正确方法和恰当时机,提供直接的科学基础。

(2) 承灾体,是突发事件的作用对象,一般包括人、物、系统三方面。承灾体是人类社会与自然环境和谐发展的功能载体,是突发事件应急的保护对象。承灾体在突发事件作用下的破坏表现为本体破坏和功能破坏两种形式。承灾体的破坏有可能导致其所孕含的灾害要素的激活或意外释放,从而导致次生衍生灾害,形成突发事件链。虽然大部分情况下突发事件有时会造成承灾体的本体破坏和功能破坏,但其本体破坏和功能破坏具有不同的机理,对于不同类型的承灾体,研究关注的重点不同。通过对承灾体的研究,可以确定应急管理的关键目标,加强防护,从而实现有效预防和科技减灾;研究承灾载体的破坏机理与脆弱性等,在事前采取适当的防范措施,在事中采取适当的救援措施,在事后实施合理的恢复重建；研究承灾载体对突发事件作用的承受能力与极限、损毁形式和程度，从而实现对突发事件作用后果的科学预测和预警；研究承灾体损毁与社会、自然系统的耦合作用，承灾体孕含的灾害要素在突发事件下被激活或触发的规律，从而实现对突发事件链的预测预警，采取适当的方法阻断事件链的发生发展。

(3) 抗灾体，是指可以预防或减少突发事件及减轻其后果的各种人为干预手段。应急管理针对突发事件实施，可减少事件的发生或降低突发事件作用的时空强度；也可以针对承灾体实施，可增强承灾体的抗御能力。对应急管理的研究重点在于掌握对突发事件和承灾体施加人为干预的适当方式、力度和时机，从而最大限度地阻止或控制突发事件的发生、发展，减弱突发事件的作用以及减少承灾体的破坏。对应急管理的科技支撑主要体现在获知应急管理的重点目标、应急管理的科学方法和关键技术、应急措施实施的恰当时机和力度等方面。

在"大应急"形势下，做到系统、科学、有效地管理自然灾害，就必须收集大量的灾害相关信息，并将这些信息的属性数据和空间数据相融合。空间分析是基于地理对象的位置和形态特征的空间数据分析技术，通过对空间数据和空间模型的联合分析来挖掘空间目标的潜在信息，提取和传输空间信息。这样，当灾害发生时，才能在第一时间知道灾害发生的位置、灾害发生地的自然与社会环境、周围有无紧急避难所、救灾物资等。也就是对自然灾害的致灾因子、承灾体和抗灾体进行空间数据分析，有利于及时、快速、科学地应对灾情，减轻灾害损失，保障人民群众的生命财产安全。

1.2 自然灾害演化规律研究概览

灾害风险评估、时空分析、灾害链分析与建模是自然灾害演化规律领域的三个重要的研究方向。为了掌握这三个方向的整体研究趋势，按照表 1.1 中的主题关键词分别检索了中文数据库 CNKI(中国知网)和外文数据库 WoS(Web of Science)核心合集，按照年份统计得到 2020 年 7 月 13 日之前每年各研究方向文献的发表情况，如图 1.3 所示。文献类型包括期刊、会议、专著与学位论文，不包含报纸报道。检索结果并非百分百详细，但已足够展现领域内的研究概况。

表 1.1   文献来源及基本情况

研究方向	数据库	主题关键词	文献数量	时间跨度
自然灾害风险评估	CNKI	风险评估	1211	1998—2020
	WoS 核心	risk assessment/evaluation	5146	1984—2020
自然灾害时空分析	CNKI	时空/时间/空间分析	157	1992—2020
	WoS 核心	spatial/temporal/spatio-temproal analysis	2058	1991—2020
自然灾害链分析与建模	CNKI	灾害链，级联效应/灾害/事件	194	1990—2020
	WoS 核心	disaster chain, cascading event/effect/disaster/hazard, domino effect, multi-hazards	1033	1994—2020

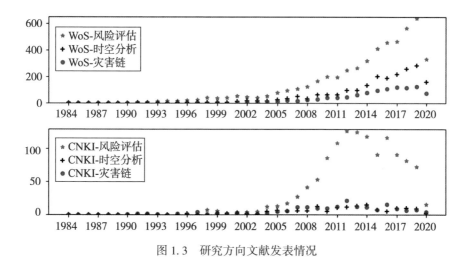

图 1.3   研究方向文献发表情况

总体上，自然灾害领域研究的热潮开始于 20 世纪 90 年代，这段时间内相关论文数量增加迅速，并且从 WoS 上文献的发表情况来看，三个方向的研究热度均呈现明显的上升趋势。三个方向中，灾害风险评估方向的文献数目最多，时空分析次之，灾害链研究则属于相对冷门的方向。

为了进一步展现各方向的研究内容与发展趋势，下文将利用 CiteSpace 科技文本挖掘与可视化工具(陈悦等，2015)对三个方向的中英文文献进行分析和可视化。

1.2.1 自然灾害风险评估

自然灾害风险评估主要通过统计、模拟等手段，于灾前、灾中或灾后评价或估计自然灾害引发的对人、环境、经济的风险。"风险"一词具有丰富的内涵，既包括灾害本身的危险性，承灾体的暴露性、脆弱性，也要考虑承灾体韧性及外部应急救援力量投入的影响。本研究基于史培军"灾害是致灾因子、承灾体与孕灾环境三者共同作用的产物"的灾害系统论（史培军，2002），倾向于从灾害体、承灾体、抗灾体三者组成的整体的角度来理解"风险"的含义。

灾害风险评估不仅要分析灾害发生的可能性，同时还要评估由此引起的可能后果，评价预期的损失状况，并在单一灾害风险评价的基础上同时考虑多种灾害之间的相互关系。灾害风险评估一般包括以下内容和过程（孙绍骋，2001）：

（1）灾害模型。确定相关区域一定时段内特定强度的灾害事件的发生概率或重现期，获取灾害发生的超越概率，并建立灾害强度—频率关系。

（2）抗灾性能模型。确定遭受灾害影响的可能区域及其内部的承灾体，如建筑、固定设备、内部财产以及人口数量、经济发展水平等。根据灾害风险区内不同承灾体的抗灾性能和易损程度，以及灾害风险区的灾前预防预报措施、灾中的抗灾救灾能力、灾后的自救恢复能力和保险措施等因素建立承灾体易损矩阵。

（3）灾害风险区价值模型与风险损失估算。价值模型是指确定风险区内不同承灾体的价值以及价值的计算方法。通过建立灾害风险区的价值模型，结合灾害模型以及不同承灾体抗灾性能，可以估算灾害风险区可能遭受的直接、间接损失以及人员伤亡状况。

（4）风险等级划分。根据灾害风险区风险损失的大小，划分风险等级，并在此基础上确定不同风险等级的空间分布状况，绘制风险图。

以上内容是关于自然灾害风险评估的初步介绍。下面介绍国内外的代表作者、经典文献、研究热点，并按时间线绘制文献图谱，希望能够较为直观地向读者呈现此方向的研究趋势。

1. 国内研究现状

图 1.4 为 CNKI 数据库中自然灾害风险评估方向中文文献关键词及作者共现图谱，反映了此领域国内的代表性学者和研究热点的演变情况。

由图 1.4 可见，国内灾害风险评估领域主要关注洪涝、干旱、地质灾害、气

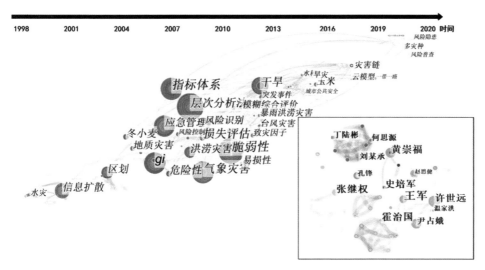

图 1.4　"自然灾害风险评估"关键词及作者共现图谱(国内)

象灾害、台风等自然灾害,运用传统的层次分析法、易损性分析、脆弱性分析、危险性评价建立风险评价的指标体系,代表性作者有史培军、黄崇福、张继权等。

史培军初期主要从地学角度研究自然灾害风险,提出了空间不完备信息在区域风险评估中的处理与应用方法(刘新立,史培军,1999;刘新立,史培军,2000)以及台风灾害的模糊风险评估模型(丁燕,史培军,2002)。他分别于 1991 年、1995 年、2001 年、2005 年和 2009 年发表了关于灾害研究理论与实践的 5 篇文章,探讨了灾害系统的性质、动力学机制,由政府、企业与社区构成的区域综合减灾范式以及灾害科学体系,并在"五论"中就当前国际上灾害风险综合研究的趋势、应对巨灾行动,以及防范巨灾风险和加强综合减灾学科建设等方面进行了综合分析,阐述了对"区域灾害系统"作为"社会生态系统""人地关系地域系统"和"可划分类型与多级区划体系"本质的认识;区分了"多灾种叠加"与"灾害链"损失评估的差异;论证了"综合灾害风险防范的结构、功能,及结构与功能优化模式";构建了由灾害科学、应急技术和风险管理共同组成的"灾害风险科学"学科体系(史培军,1991;史培军,1996;史培军,2002;史培军,2005;史培军,2009)。他近年主要关注中国自然灾害区域分异规律与区划研究和风险普查(史培军等,2017)。

黄崇福团队则关注风险的动态特性,他们指出人们对"风险"认识尚不全面、不系统,风险分析不能仅仅基于对历史灾难的统计,而应当着眼未来可能发生的"情景"。他们给予风险新的诠释，即"风险是与某种不利事件有关的一种未来情景"，并提出情景驱动的区域自然灾害风险分析方法(2011)，探讨了风险分析的基本原理(赵思健等，2012)。团队近年来主要关注动态风险研究，提出了以"研究综合环境和内在属性变化对风险源和风险承受体的影响"为核心，并对风险源和风险承受体进行耦合的自然灾害动态风险分析基本原理(黄崇福，2015)。

张继权团队则主要研究农业气象灾害的风险评估及 GIS 技术的应用(王春乙等，2015；张会等，2005；张继权等，2009)。

2. 国际研究现状

图 1.5 为 WoS 核心合集数据库中自然灾害风险评估方向外文文献关键词聚类和文献被引图谱，展示了此领域国际的研究热点和代表文献。

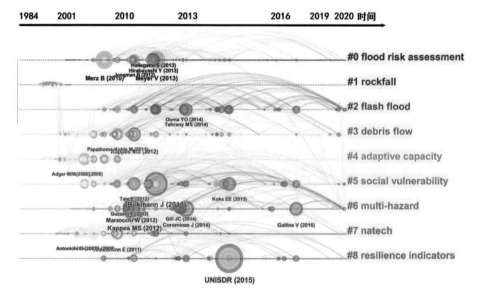

图 1.5　自然灾害风险评估文献被引图谱(国际)

图 1.5 右侧为最大的九个关键词聚类，其中洪水、落石、山洪、泥石流是备受关注的自然灾害。伴随着人口增长和城市化进程的加快，Na-tech(自然-技术)灾害风险、多灾害风险的研究也成为热点，社会的适应能力、脆弱性、韧性是风险评估的重点。

灾害成本(cost)评估是风险评估的一个重要研究方向，Merz B 等(2010)与 Meyer V 等(2013)分别综述了洪水经济成本评估、综合自然灾害成本评估的方法和最新进展。Birkmann J 等(2015)讨论了社会适应性、脆弱性分析在全球应对气候变化、自然灾害加剧情景下的应用；UNISDR（United Nations International Strategy for Disaster Risk Reduction，联合国国际减灾策略）对 2015—2030 年国际防灾减灾框架提出了构想(UNISDR，2015)。Na-tech 及多灾害风险分析也是国际上研究的热点，Kappes 等(2012a)综述了多灾害研究的进展和挑战，并提出了 MultiRISK 平台，用于区域规模的多灾害作用下的承灾体暴露性分析(2012b，2012)；Gallina V 等(2016)综述了多灾害分析的方法以及研究前沿方向。

1.2.2 自然灾害时空分析

自然灾害的时空分析是从地理空间位置和时间的角度分析自然灾害的演变情况，按照时间尺度的长短可以分为长期灾害发生规律和短期的灾害发展过程研究，根据空间范围的大小则可以分为大、中、小尺度的分布特性、发展趋势研究。

对区域自然灾害的时空分异规律及其形成机制的研究以大量的自然灾害数据作为基础，因而具有代表性的自然灾害案例对于理解区域自然灾害系统的相互作用机制有着重要的作用。地理信息系统则是进行数据组织管理和时空分析必不可少的核心工具。

1. 国内研究现状

图 1.6 为 CNKI 数据库中自然灾害时空分析方向中文文献关键词及作者共现图谱，反映了此领域国内的代表性学者和研究热点的演变情况。

国内发表的文献的主要内容包括灾害时空变化、空间格局和影响因素，代表性作者有史培军、王静爱、方伟华、延军平等。

许多文献基于长期历史案例统计的方式研究了灾害在较大空间尺度范围的时空动态。例如，王静爱等(1999)依据 1990—1996 年冰雹灾情信息，建立数据库，划分了中国冰雹灾害的组合类型，并绘制出了冰雹灾害的空间分布图和时间变化图；史培军等(1999)深入分析了土地利用变化(空间格局与经济密度)对水灾引起的农业灾害的影响机制；周俊华等(2001)根据中国 1736—1948 年历史洪涝灾害资料和 1949—1998 年报刊数据，统计出了中国主要流域每年

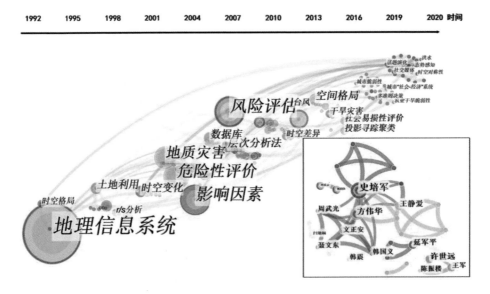

图 1.6 "自然灾害时空分析"关键词及作者共现图谱(国内)

洪涝灾害时间空间变化规律；刘甜等(2019)选取 1965—2016 年全球气候、气象、水文 3 类灾害灾情数据，系统分析了灾次、灾害人口死亡率格局、致灾因子的区域差异与气候变化的关系，并探究了灾害人口死亡率的影响要素。

随着数据收集、处理技术的发展，获得灾害的实时动态信息成为可能，一些学者开始对灾害的发展过程开展研究。例如，李纲等(2019)运用社交媒体数据对受灾地区用户和非受灾地区用户在灾难不同时期的热点话题进行分析，揭示和比较了两类用户在宏观层面和微观层面的话题演化规律，帮助灾害管理部门高效地从社交媒体数据中识别受灾人群及其需求。

2. 国际研究现状

图 1.7 所示为 WoS 核心合集数据库中有关自然灾害时空分析方向的外文文献关键词聚类的时间区图谱，展示了此领域国际的研究热点和代表文献。

与国内的研究相似，国际上灾害时空分析领域主要研究灾害的时空变化、空间格局和影响因素，通过构建模型、开发数据分析系统来优化灾害演化时空规律的分析结果和可视化效果。

在关键词聚类结果的基础上，进行文献被引分析，发现此领域的代表性作

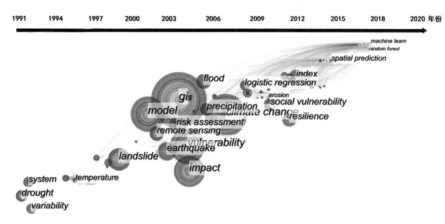

图 1.7　"自然灾害时空分析"关键词图谱(国际)

者有 Cutter S L，Wisner B，Tehrany，Mahyat Shafapour 等。文献主要包括区域的脆弱性评价和洪水灾害区域敏感性估计两个方向。Cutter 等(2008)提出了基于位置的社区韧性评价模型，分析了自然灾害下社会脆弱性的时空变化；Cuzetti，Fausto 等(2012)基于卫星遥感技术制作了滑坡的风险地图；Rufat Samuel 等(2015)综述了洪水灾害社会脆弱性评估的典型案例和指标。Tehrany，M. S 等(2013)运用基于规则的决策树以及频率比(FR)和逻辑回归(LR)统计方法相结合的方法绘制了马来西亚吉兰丹洪水敏感性(susceptibility)地图，并探索了支持向量机(support vector machine，SVM)在区域敏感性评价中的应用 Termeh，S. V. R 等(2018)比较了自适应神经模糊推理系统(ANFIS)与不同的元启发式算法(如蚁群优化(ACO)、遗传算法(GA)、粒子群优化(PSO))比较，应用于洪灾的区域敏感性评估。

1.2.3　自然灾害链

灾害链(disaster chain)是在特定空间尺度与时间范围内，受到孕灾环境约束的致灾因子引发一系列致灾因子链，使得承灾体可能受到多种形式的打击，形成灾情累积放大的灾害串发现象(余瀚等，2014)。在国外，灾害链也被称为级联灾害(cascading disasters)、级联事件(cascading events)、多米诺骨牌效应(demonic effect)或级联效应(cascading effect)(Zuccaro, et al.，2018)。

在灾害链的研究中，主要解决如下问题：①当原生事件发生后，可能引发

11

哪些次生事件；②这一系列灾害会造成何种程度的损失；③应急处置措施能够
起到怎样的效果。基于以上的分析，最终得到断链减灾、救援处置的"最优路
径"，服务于灾害应急决策。灾害链是多学科交叉的综合研究课题，目前已发
表的研究成果是在风险评估和时空分析的基础上，应用 Petri 网、复杂网络、
贝叶斯网络、统计等多种方法对自然灾害链的规律进行的探究。

1. 国内研究现状

　　图 1.8 展示了 CNKI 数据库中自然灾害链方向国内灾害链领域的代表性学
者，主要有史培军、王静爱、张继权等。郭增建等(1987)对灾害物理学研究
的主要问题包括灾因、灾链、灾兆、灾害预报，并对防灾、救灾和控灾等作了
简要的讨论和介绍，初步给出了这门新兴学科的轮廓和眉目，指出有待深入研
究的课题。史培军等(2014)对灾害系统中灾害群、灾害链、灾害遭遇三个概
念进行了界定。哈斯和余瀚分别对灾害链和灾害链灾情累积放大的研究进行
了综述(余瀚等，2014；哈斯等，2016)(哈斯等，2016；余瀚，2014)。王
静爱与王然基于历史案例统计和空间分析分别对中国东南沿海地区和全球的
台风灾害链的分布规律、区域特征进行了探究(王静爱等，2012；王然等，
2016)。

图 1.8　有关自然灾害链研究的国内作者共现图谱

2. 国际研究现状

图 1.9 为 WoS 核心合集数据库中自然灾害链方向外文文献关键词聚类和文献被引图谱，展示了此领域国际的研究热点和代表文献。

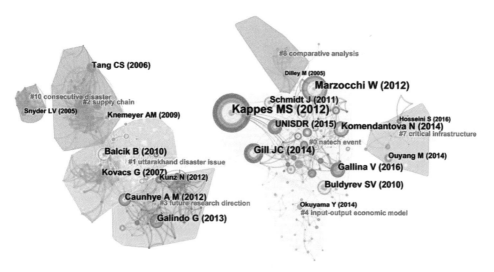

图 1.9　有关自然灾害链研究的国际文献被引图谱

除了次生衍生灾害的统计分析和推理，Na-tech 灾害、关键基础设施系统（CIS）级联故障也是重要的研究方向。代表性作者有 Kappes M.S.，Gill J.C.，BulDyrev S.V.，欧阳敏等。在本书第 4 章会对灾害链的模型和文献进行进一步介绍。

除了上述文献成果，在自然灾害带来的问题日益凸显的情况下，国内与国际均已投入大量研究资金用于研究灾害演化规律和决策支持系统平台的搭建上，目前较为成熟的系统或平台有美国 FEMA-HURREVAC、欧洲地中海海洋安全决策支持系统、中国黄海绿潮预报预警系统、中国气象 MICAPS 等，在飓风、海洋生态、气象等领域得到广泛应用。

1.2.4　小结

通过上述文献分析不难发现，随着社会信息化技术的快速发展和国内国际公共安全应急体系的不断完善，自然灾害演化规律的研究总体上有如下发展趋势：

（1）从单一角度到学科交叉。

由于灾害事件的突发性、不可预测性、公共性与灾难性有着重大的社会影响，此领域的研究已经不再局限于灾害学或者公共管理学的纯专业角度，而是针对实际使用者对灾害的理解、辅助决策需求，更多地考虑结合自然灾害系统原理和公共危机管理理论，对历史灾害事件进行多维度分析。

（2）从少量数据到大数据。

大数据时代的到来和网络社交媒体的流行，让媒体和每个普通网民都有机会在公共环境中发表观点和表达情绪，数据量呈爆炸式增长，其中也存在着海量的信息。大数据为灾情挖掘提供了新渠道，但同时也引入了灾害次生事件中网络舆情的新问题，因而灾害事件中网络舆情的分析和处理成为了灾害事件研究的必要内容。

（3）从数据库到可视化交互平台。

随着计算机的普及和智慧城市等思想的提出，如何将研究成果、技术真正服务于公共安全应急方面，让使用者对灾害信息、灾情信息、救援信息等数据有更直观的理解，研究者的研究重点从单纯的案例数据库构建发展到数据库与可视化交互平台相结合，从而辅助公共安全事件应急决策。

（4）从人工决策到系统智能决策。

人工智能技术的发展促进了多灾害决策支持系统向智能化、自动化方向发展，主要体现在以下几个方面：利用机器学习、自然语言处理等技术智能化构建灾害数据库；采用案例推理、强化学习、系统模拟等手段提升系统分析、决策的能力，实现灾前演练、制定预案，灾中动态研判；灾后复盘是未来的发展方向。

1.3　本书体系架构

本书的体系架构如图 1.10 所示，利用空间分析、机器学习和应急管理理论进行自然灾害演变规律的研究。第 2 章研究自然灾害案例的构建与应用方法，是其他章节的数据基础；第 3 章和第 4 章是理论基础部分，分别研究自然灾害的时空发展态势，以及自然灾害链的演化过程；第 5 章和第 6 章是对前面理论在台风和洪涝灾害中应用，分别研究了台风灾害的风险评估与社会响应，以及洪涝灾害风险与洪涝淹没过程分析。

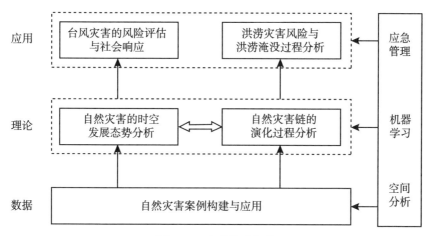

图 1.10　本书体系架构

第2章　自然灾害案例的构建与应用

在突发事件应急管理实践中，积极主动地运用典型事件案例支持应急决策已经成为当前应急管理工作的一个趋势。自然灾害应急案例是自然灾害及其应急处置资料和研究成果的汇集（谢洪波等，2018）。将自然灾害数据存储到数据库中形成自然灾害案例，是对自然灾害数据的系统化、程序化、科学化管理，可以提炼出各类自然灾害发生的一般规律，从而提高灾害预测预警和应急救援能力。

随着大数据技术日益成熟，灾害响应和应急决策也进入"灾害响应2.0"时代（周利敏，童星，2019）。借助物联网和传感器等软件和硬件高效的数据采集、计算和分析能力，运用以3S技术为代表的多源数据融合（佘金星等，2019），借助以历史案例推理为代表的技术（Akkar，et al.，2017），利用影像、地理要素及人文、经济数据进行分析，将人群智慧与机器决策结合起来，为应急决策提供参考。

本章将介绍团队在自然灾害案例构建与应用方向的研究成果，包括多源数据获取、灾害案例构建与管理、案例可视化和灾情简报生成四个环节。典型自然灾害案例库是在自然灾害系统原理的基础上基于公共安全三角形理论构建的。通过调研典型自然灾害事件发生情况，从中选取具有代表性案例，提出典型自然灾害案例库的结构化表达方法。案例库综合应急救援、网络舆情、社会评论等灾害应急管理的多方数据，围绕应急关键任务，利用机器学习算法快速挖掘出自然灾害案例有效信息，设计案例结构化模板，并运用知识图谱等技术将报告文档进行自动化生成。典型自然灾害案例库内容向自然灾害和公共应急管理主题集成，建立信息高度集成的，包括时间和空间等多维数据在内的自然灾害案例数据库，对于挖掘自然灾害形成机制和规律预测等潜在信息，以及分析自然灾害中决策经验、应急救援、舆论应对等人工干预成果具有有效支持。

2.1 数据资源列表

2.1.1 地理空间数据

天地图（https：//www.tianditu.gov.cn/）：由中华人民共和国自然资源部主管，国家基础地理信息中心负责建设的国家地理信息公共服务平台，提供矢量、影像、地形、三维等四种地图浏览方式。

开放街道地图（https：//www.openstreetmap.org/）：一个内容自由且能让所有人编辑的网上世界地图，由英国非营利性组织 OpenStreetMap 基金会赞助并维持营运，地图可由用户以手持 GPS 设备、航空摄影照片、卫星影像及其他自由内容提供。

地理空间数据云（http：//www.gscloud.cn/）：由中国科学院计算机网络信息中心科学数据中心建设并运行维护，可提供 Landsat、MODIS、Sentinel、TRMM、高分系列等卫星的免费数据。

全国地理信息资源目录服务系统（http：//www.webmap.cn/）：由国家基础地理信息中心运行维护，提供 30m 全球地标覆盖数据、1∶100 万全国基础地理数据库、1∶25 万全国基础地理数据库等。

美国土地覆盖数据（http：//www.mrlc.gov）：美国用 Landsat 图像生产的 30 m 分辨率的土地覆盖数据库，提供了地表特征的空间参考和描述性数据。

世界城市数据库（http：//www.wudapt.org/）：通过众筹建立的一个开放、共享的城市数据库，该数据库以本地气候区作为分类框架，对不透水表面（如建筑物、道路、其他）、透水表面、草地等土地覆盖和土地利用类型进行采样，采用在线和基于移动的工具获得建筑材料、建筑尺寸、冠层宽度等其他信息。

谷歌地球引擎（https：//earthengine.google.com/）：谷歌公司提供的非营利性的基于云的地理空间处理平台，主要组件包括数据集、云计算能力、代码编辑器和应用程序接口（API）。用户可以在 Google 基础架构下分析地理空间/卫星数据，主要目的是在全球范围内进行高度互动的算法开发，推动遥感大数据的边缘计算。

2.1.2 政府与机构数据

美国国家政府开放数据（https：//www.data.gov/）：提供农业、商业、气候、消费者、生态系统、教育、能源、金融、健康、当地政府、海洋、制造业、公众安全、科研等方面的数据。

世界各国数据指标档案(https://www.indexmundi.com/):互联网上最完备的国家档案站点,包含详细的国家统计数据,主要提供大宗商品、汇率、农业、能源、矿业、贸易方式等方面的数据。

中华人民共和国国家统计局(http://www.stats.gov.cn/):国家权威数据发布平台,提供所有国民经济、社会、民生数据,同时发布最新的统计策略、会议、统计标准等信息。

中华人民共和国应急管理部(https://www.mem.gov.cn/):2018 年成立的国务院组成部门,主要公布风险监测、综合救灾、救援协调、预案管理、火灾防治管理、防汛抗旱、地震和地质灾害救援等涉及应急管理的相关信息与数据。

美国联邦应急管理局(https://www.fema.gov/):提供火灾、飓风等自然灾害,疫情等公共安全事件、恐怖事件和其他人为灾害的应对、防灾、反应和恢复的信息和数据。

美国国家海洋和大气管理局(https://www.noaa.gov/):主要关注地球的大气和海洋变化,提供对灾害天气的预警,提供海图和空图,管理对海洋和沿海资源的利用和保护,研究如何增加对环境的了解和防护。

美国地质勘探局(https://www.usgs.gov/):美国内政部所属的科学研究机构,负责对自然灾害、地质、矿产资源、地理与环境、野生动植物信息等方面信息进行监测、收集和分析,对自然资源进行全国范围的长期监测和评估,为决策部门和公众提供广泛、高质量、及时的科学信息。

美国国家地质调查局水资源数据(https://waterdata.usgs.gov/):提供美国的水流量、水位、水质和用水相关数据。

全球变化科学研究数据出版系统(http://www.geodoi.ac.cn/):中国科学院地理科学与资源研究所和中国地理学会联合主办的中英文双语、实体数据与期刊论文关联出版期刊及平台。

数据共享服务系统(http://data.casearth.cn/):是中国科学院 A 类战略性先导科技专项"地球大数据科学工程"(以下简称"地球大数据专项")数据资源发布及共享服务的门户窗口。系统面向专项数据特点提供项目分类、关键词检索、标签云过滤、数据关联推荐等多种数据发现模式;提供在线下载、API接口访问等多种数据获取模式;支持可定制的多格式数据在线查看、预览和查询;支持面向个性化需求设计、收藏、推荐、下载、评价服务。

Climate Resilience Toolkit（https：//toolkit. climate. gov/）：提供来自美国联邦政府所有部门的信息，旨在通过帮助人们找到和使用工具、信息和主题专业知识来提升应对气候变化的能力。

2.1.3　自然灾害专题数据源

国家气象科学数据中心（http：//data. cma. cn/）：中国气象局对社会开放基本气象数据和产品的共享门户，旨在向全社会和气象信息服务企业提供一个均等使用气象数据的途径。

中国 Argo 实时资料中心（http：//www. argo. org. cn/）：承担中国 Argo 浮标的布放、实时资料的接收和处理、资料质量控制技术/方法的研究与开发，以及快速向项目承担单位和相关部门提供 Argo 资料，及时反映我国科学家在 Argo 资料应用研究方面所取得的成果。

中国台风网（https：//www. typhoon. org. cn/）：以提供台风活动的及时信息为主要目的，并兼顾台风科普和台风资料查寻。对专业用户还提供参加全国台风联防单位及国际台风预报中心发布的各类主观和客观预报结果。

国家地震科学数据共享中心（http：//data. earthquake. cn/）：以"活动构造数据、地球物理数据（电磁数据和地震台阵数据）、地震灾情与救灾数据、火山数据，构造物理实验数据、新构造年代学数据和空间对地观测数据"为主体数据的信息共享中心。

空气质量在线监测分析平台（https：//www. aqistudy. cn/）：收录了 367 个城市的 PM2. 5 及天气信息数据，具体包括 AQI、PM2. 5、PM10、SO_2、NO_2、O_3、CO、温度、湿度、风级、风向、卫星云图等监测项，所有数据每隔一小时自动更新一次。

Weather Underground（https：//www. wunderground. com/）：世界天气预报，全球的用户都可从 Weather Underground 网站获得最新的天气预报和地图，包括气候、温度、湿度、风和雨等方面的详细信息。

Our World in Data（https：//ourworldindata. org/natural-disast rs）：提供全球范围内的自然灾害如地震、飓风、洪涝、干旱和森林野火等的相关信息。

国家海洋环境预报中心（http：//www. nmefc. cn/）：负责我国海洋环境预报、海洋灾害预报和警报的发布及业务管理，为人民生产与生活、海洋经济发展、海洋管理、国防建设、海洋防灾减灾等提供服务和技术支撑。

2.2　社交媒体的自然灾害信息挖掘与分析

在灾害发生过程中，民众在网络中的表达形成海量信息资源，为灾情挖掘提供了新渠道。社交媒体作为一种海量信息载体广受关注，利用社交媒体数据进行决策，已经成为一种新的灾害应急管理手段（周利敏，刘和健，2019）。随着 Facebook、Twitter、微博等社交媒体的兴起，过去政府与公众之间的单向、慢速沟通已大大改善，借助社交媒体进入互联网的公众灾情数据给予决策者更多信息的同时，也深刻改变着灾害学领域发展的方向。

早在 2011 年，就有学者利用自然语言处理（NLP）相关手段从 Twitter 数据中挖掘日本大地震中受灾地区人员安全的信息（Neubig, et al., 2011），此后在全球发生的多次巨灾中，如台风"海燕"、飓风"厄玛"、飓风"哈维"、墨西哥Mw8.2 级地震，均有利用社交媒体数据进行相关研究的用例，探讨领域涉及文本语义识别、灾害行为推理及空间数据挖掘等，并取得了一定成果（Aldo, et al., 2019；Bakillah, et al., 2015；Sit, et al., 2019；Zou, et al., 2019）。王森等（2018）利用 Twitter 以及相关数据库的信息，研究灾前准备、灾害发生、灾害响应和灾后应对等主题随时间、空间发展的趋势等特征。

2.2.1　文本数据预处理

在进行互联网文本分析与挖掘时，需要对文本数据进行预处理，包括文档切分、文本分词、去停用词（包括标点、数字、单字和其他一些无意义的词）、文本特征提取、词频统计、文本向量化等操作，相关程序实现参考 https：//github. com/NLP-LOVE/ML-NLP。

1. 将文档标记为单词

为了让计算机理解自然语言，识别文字表达的具体内容，需要对文本进行信息化处理。从互联网上获得的数据格式多种多样，有 csv、html、XML、json等多种格式，针对不同的数据格式，采用相关解析器进行文本解析。根据数据源、解析的性能、外部噪声等，应用文本清洗，删除一些多余的内容，获得干净的文本。

中文文本是连贯的文字，在进行内容筛选之前需要将其拆分成构成语义的基本单位，即对文本进行分词处理。自动分词大体有三类方法：基于字典（字符串匹配）的分词方法，即对已有词库进行扫描、搜索、匹配字符串，虽然分词速度快、简单方便，但是无法处理歧义或进行自学习；基于理解的分词方法利用人工智能（AI）技术，对文档同时进行分词处理和文本语义、句法信息分析，通过模拟人的思考理解方式来消除歧义，提高分词正确率；基于统计的分词方法以字为基本单位进行处理，通过统计训练样本中相邻字组合的出现频率或概率，得到字与字之间的互现信息，根据字间的关系紧密程度构词，该方法的优点在于可以识别生词（龙树全等，2009）。

常见的中文分词开源组件中，有结巴分词（jieba）、盘古分词、Yaha 分词等（黄翼彪，2013）。其中结巴分词优势明显，采用了动态规划方法来查找最大概率路径，得到的分词结果有较高的准确度。该方法使用了 HMM 模型和 Viterbi 算法，具有新词发现功能，解决了未登录词的问题，而且无需调用 C 库，简单方便，可以直接使用组件。

Python 的结巴分词开源分词组件支持三种分词模式，即全模式、搜索引擎模式及精确模式（曾小芹，2019）。其中全模式是将句子中所有可以成词的词语都扫描出来，速度非常快，但是不能解决歧义；搜索引擎模式在精确模式的基础上，对长词再次切分，提高召回率，适合用于搜索引擎分词；精确模式试图将句子最精确地切开，适合文本分析。

使用 Python 语言编写程序，采用结巴开源组件，对新闻语料样本进行分词，并对语料进行地名标注，步骤如下：①将搜狗词典、盘古词典、腾讯词典、百度词典以及例如台风灾害自定义词典加载到结巴分词组件；②采用结巴分词中最适合文本分析的精确模式，对微博语料逐条分词；③调用结巴分词词性标注模块，词性与标注缩写对照表见表 2.1，可以得到分词后每个中文词汇的词性，并且挑选出地名（ns）词汇。

表 2.1　　　　　　　　　　结巴分词中词性与标注缩写对照表

标注缩写	词性	标注缩写	词性	标注缩写	词性	标注缩写	词性
Ag	形语素	g	语素	ns	地名	u	助词
a	形容词	h	前接成分	nt	机构团体	vg	动语素
ad	副形词	i	成语	nz	其他专名	v	动词
an	名形词	j	简称略语	o	拟声词	vd	副动词
b	区别词	k	后接成分	p	介词	vn	名动词
c	连词	l	习用语	q	量词	w	标点符号

续表

标注缩写	词性	标注缩写	词性	标注缩写	词性	标注缩写	词性
dg	副语素	m	数词	r	代词	x	非语素字
d	副词	Ng	名语素	s	处所词	y	语气词
e	叹词	n	名词	tg	时语素	z	状态词
f	方位词	nr	人名	t	时间词	un	未知词

例如某短句"广东台风太大了!"使用结巴分词结果为"广东""台风""太""大""了""!",去停用词的结果为"广东""台风""大",其中"广东"的词性即为 ns。

2. 基于 TF-IDF 的词向量空间构建

现今使用的文本模型中,主要是向量空间模型,其核心思想是以词作为基本的特征项,将每个文本作为向量,特征项权重作为向量的分量,这样就可以通过向量的相似度计算来获得对文档相似度的描述。词频-逆文件词频(TF-IDF)的权重即 TF * IDF,是 TF(term frequency,词频)和 IDF(inverse document frequency,逆文件词频)两个因式相乘得到的结果。TF-IDF 权重是一种在统计中用来计算权重的常见方法,不同于将权重简单地分为 1 和 0 的布尔权重法,TF-IDF 权重不会损失大量信息,并且克服了词频权重法中因文档长短对权重造成影响的缺陷(施聪莺等,2009)。

TF-IDF 的核心思想在于计算不同情况下特征项出现的频率:字词的重要性随着它在文件中出现的次数成正比增加,但同时会随着它在语料库中出现的频率成反比下降。即当某词在某些特定文档中出现得越多,表示该特征项的区分能力越强(TF);同时,如果出现的文本数量越多、范围越广,表示该特征项的区分能力越弱(IDF)。TF-IDF 权重与词频成正比关系,与逆文件词频成反比,可计算如下:

$$w_{ik} = tf_{ik} * idf_k \tag{2.1}$$

式中,tf_{ik} 是表示第 k 个特征项 t_k 在第 i 个文档 d_i 中出现的次数或频率(n_{ik}),为克服由文本长短对词频造成的影响,tf_{ik} 需要归一化处理,即除以该文档中词总数(n_i),可用下式表示:

$$tf_{ik} = \frac{n_{ik}}{n_i} \tag{2.2}$$

idf_k 表示出现第 k 个特征项 t_k 的文档数的倒数，可由下式计算得出：

$$idf_k = \log \frac{N}{N_k + 1} \qquad (2.3)$$

式中，N 表示语料集合中所有文档的总数，N_k 为其中含有第 k 个特征项 t_k 的文本总数，1 是为防止出现因含有该特征项的 N_k 为 0 造成的分母为 0。

以语料集 Docs = ["树木在疯狂的摇动"，"台风吹倒我的汽车"，"一直一直一直下雨"，"但是程序员要上班"] 为例，其中每个元素即一条语料（一个文档），则 Docs 有 4 条语料。对文档集 Docs 进行分词，可以得到该语料集合词汇表"树木、在、疯狂、的、摇动、台风、吹倒、我、汽车、一直、下雨、但是、程序员、要、上班"，以"一直"为例，它只出现在了第 3 条语料中，计算其 tf 值为 0.75，idf 值为 0.30103，"一直"的权重为 0.22577。

3. 文本停用词处理

停用词是指在信息检索中，为节省存储空间和提高搜索效率，在处理自然语言数据（或文本）之前或之后会自动过滤掉某些字或词，这些字或词即被称为 Stop Words(停用词)(官琴等，2017)。这些停用词都是人工输入、非自动化生成的，生成后的停用词会形成一个停用词表。停用词一般具有结构的功能性但不表意，因而具有以下两个特征：①停用词极其普遍，记录这些词在每一个文档中的数量需要很大的磁盘空间；②由于它们的普遍性和功能，这些词很少单独表达文档相关程度的信息。因此为了增加文本处理效率，一般会将其去除。

而对采集的文本进行了中文分词处理后，语料中仍然包含很多没有实际含义或与语义表达无关的词。这些词对分类没有意义，并且会增加向量空间的维度，仍然需要将这些无用的词剔除，所以建立停用词列表，对语料进行了去停用词的处理。在中文文本处理中停用词主要包括英文字符、数字、数学字符、标点符号及使用频率特别高的单汉字等，如表 2.2 所示，可以看出需要剔除的停用词类型，其中停用词不限于名词或副词，主要是没有内容表征的词语。但需要我们注意的是，部分停用词虽不表示具体内容，但含有情绪、语气的传达，因此使用停用词列表时并不是词越多越好，而是对于不同的舆情分析手段和目的，可采取不同的停用词表。

表 2.2　　　　　　　　　　　中文语料中常见停用词

类型	举 例
符号	如，？。"《 @ 等
其他语言	如 a、γ、の 等
高频词	如我们、为此、比如、竟然、毫无例外等

　　在计算 TF-IDF 权重时，部分词在大部分文档中都有出现，明显没有或只有很小的区别文档的作用，则可以再将这类频率过高的词设为临时停用词，这样可以减少描述文档向量的特征项，降低向量空间模型的维度，进而简化计算，提高效率。

　　在本次试验中，将临时停用词阈值设为 0.5，即若超过 50% 的文档出现了某词，则将此词设为临时停用词，不作为向量空间的特征项，这在一定程度上控制了过拟合现象发生的几率。并且对于 TF 值的计算，采取亚线性策略，即使用 $1+\log(TF)$ 来充当词频，$1+\log(TF)$ 的变化速率会随着 TF 的增大而减小，这样就控制了因为样本语料词频波动对权重计算的影响。

4. 灾害事件中文本地名地址提取与空间定位

　　针对微博中灾害事件的网页文本结构特征，在去除网页无意义字符及特殊符号的基础上，通过构建地名地址前置与后缀特征词库，兼顾多层地名地址表达模型和地名地址参考库，利用中文分词、语义分析、地名地址的前后缀标识技术，实现面向微博文本信息的地名地址自动识别与提取，然后结合多种网络开源地理编码 API 服务，通过空间位置统计推断，最终实现面向灾害类事件的空间精准定位表达。

　　地名地址提取与地理编码流程如图 2.1 所示，具体为：①基于前置后缀词特征词分析与构建。通过构建地名地址的前置后缀特征词库，从而实现一种结合地名地址前置与后缀特征词的地名地址提取方法；②基于前置后缀词与规则相结合的中文地名提取。对微博文本数据经过去重、去除停留词等预处理后，利用前置与后缀词库将微博文本中的有效数据进行切分，将切分后的文本与行政区划数据库进行匹配。最后对得出的地址元素进行地名地址标准化处理；③结合多种开源地理编码的灾害事件空间定位。将自然语言描述的地址文本根据地址模型和编码规则进行解析，然后与地址参考数据库进行匹配，从而建立地址信息与空间坐标之间的关联。

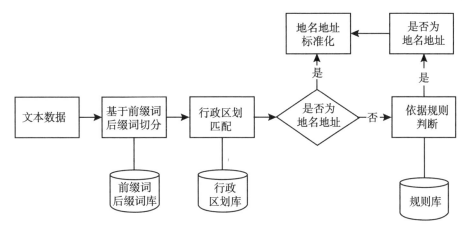

图 2.1　地名地址选取与地理编码流程

2.2.2　文本情感分析

情感分析是指针对用户评论文本进行有效的分析与挖掘，根据用户对事件持有"赞同"或者"反对"态度进行分类，识别其情感趋势。情感分析技术常常用在用户评论分析与决策、舆情监控与信息预测等领域。

1. 基于情感词典的情感分析

基于情感词典的分析方法的核心是词典与规则的结合，以情感词汇作为基础，通过加权算法将情感词库的权重赋予情感词库，构造情感词典，然后利用特定的计算公式，通过句法规则计算句子的情感得分（一般正值为积极、负值为消极），最后进行情感分类。目前我国还没有通用的情感词典，相关研究大多是在某一情感词典（如 HowNet 中英文情感词典、大连理工大学的中文情感词汇本体库、台湾大学的 NTUSD 和知网的情感分析用词语集）的基础上进行融合和扩展（李晓东，2019）。情感词典的方法需要兼顾语料所处的实际语境，并且很难顾及文本的顺序以及句子的隐含语境。国内最早由朱嫣岚等基于知网知识库 HowNet 中一定数量的基准词对（贬义词和褒义词）单词打分，基准词对中的贬义词表示为 key_p，褒义词表示为 key_n，来计算单词的语义倾向值，假设有 k 对基准词，计算公式如下（2006）：

$$O(w) = \sum_{i=1}^{k} S(kp_i, \ w) - \sum_{j=1}^{k} S(kn_i, \ w) \qquad (2.4)$$

25

式中，$O(w)$ 代表单词打分结果，$O(w)$ 代表单词与第 i 个贬义词的相似度，$S(kn_i, w)$ 代表单词与第 i 个褒义词的相似度。

2. 基于普通机器学习的情感分析

基于机器学习的方法，需要大量人工标注好的语料库作为训练集，通过提取文本特征(词袋法、词嵌入法)，构建分类器(朴素贝叶斯、支持向量机、最大熵、卷积神经网络、长短期记忆网络)实现情感分类(王晨阳，2020)。

提取文本特征需要将文本向量化以方便后续处理。词袋法是最常用的文本特征向量表示方法，它将文本内容投影到高维空间。词袋法以单词为最小处理单元，将文本拆分构建成一个词典，且词典内每一个单词都有唯一的索引，假设 $\{w_1:1, w_2:2, w_3:3, \cdots, w_n:n\}$ 是一段文本构成的一个词典，w 代表不同的单词，则一句话 $w_1 w_2 w_3 w_1$ 可以用一个 n 维向量表示，单词出现次数代表单词权重。这样的特征提取方法简单可靠，但是存在空间浪费并且无法保留单词顺序信息的缺点。

除此之外，还可以采用词频(TF)、逆向文件频率(IDF)、卡方统计、信息增益、构建 N 元模型等方法提取文本特征。

3. 利用朴素贝叶斯算法的二元情绪分析

朴素贝叶斯分类(Naive Bayes Classification)是基于概率统计理论，建立在特征项之间相互独立的假设上的一种贝叶斯学习方法(方志耕等，2009)。朴素贝叶斯分类可以处理多类问题，常在文本分类问题中应用，其基本思想是根据训练集文档的特征项(词)和类别之间的条件概率，预测新样本的类别。按照贝叶斯公式，已知样本为 y 类的概率 $p(y)$、样本某特征 x 出现的概率 $p(x)$，对于该确定样本特征 x，该样本属于 y 类别的概率为：

$$p(y \mid x) = \frac{p(x \mid y)p(y)}{p(x)} \tag{2.5}$$

朴素贝叶斯的情感分类方法主要针对多类问题。文档的特征向量是多维的，设输入空间 $X \subseteq R_n$ 为 n 维向量的集合，输出空间为标记好的集合 $Y = \{c_1, c_2, \cdots, c_k\}$，输入特征向量输出类的标记，加载已经标注好的训练集 $T = \{(x_1, y_1), (x_2, y_2), \cdots, (x_N, y_N)\}$。假设联合概率 $P(X, Y)$ 为独立分布，则文本向量属于情绪类别 c_k 的概率是：

$$P\left(\frac{Y=c_k}{X=x}\right) = \frac{P\left(\frac{X=x}{Y=c_k}\right)P(Y=c_k)}{\sum_k P\left(\frac{X=x}{Y=c_k}\right)P(Y=c_k)} \tag{2.6}$$

可以利用百度自然语言处理情感分析接口，上传标注好的数据进行训练。每次请求返回情感分类的结果(积极、消极、中性)，以及分类的置信度，积极类别的概率与消极类别的概率，并以积极类别的概率作为情绪指数，表 2.3 给出了主要的接口返回参数。

表 2.3　　　　　　　　　　　**百度情感倾向分析接口返回参数**

参数	说明	描　　述
log_id	uint64	请求唯一标识码
sentiment	int	表示情感极性分类结果，0：负向，1：中性，2：正向
confidence	float	表示分类的置信度，取值范围[0，1]
positive_prob	float	表示属于积极类别的概率，取值范围[0，1]
negative_prob	float	表示属于消极类别的概率，取值范围[0，1]

2.2.3　文本主题分析

隐含狄利克雷分布(LDA)模型是由 Blei 等提出的生成主题概率模型，通常被用来对大规模文档数据进行建模(2012)。LDA 模型的基本假设是：文档由多个隐含主题构成，这些隐含主题由若干个特定特征词构成，形成"词语-主题-文档"三层结构。

LDA 模型的优点在于它具有清晰的内在结构且采用无监督方法进行训练，适合对大量数据进行分类处理。其对文本信息的主题建模思路如图 2.2 所示。

在文档集中，参数 α 反映潜在主题之间的相对强弱，α 越高，文档包含的主题更多，反之包含的主题更少。β 表示所有潜在主题的概率分布，β 越高，主题包含的单词更多，反之包含的单词更少；θ 表示在目标文档中潜在主题的比重；W 是目标文档的词向量表示，Z 则表示该文档分配在每个词项上的潜在主题的个数。假设 m 是一个潜在主题，w_i 是文档 d 中的第 i 个词语，则 w_i 属于 m 的概率为：

$$P(w_i) = \sum_{m=1}^{k} P(w_i \mid z_i = m)P(z_i = m) \tag{2.7}$$

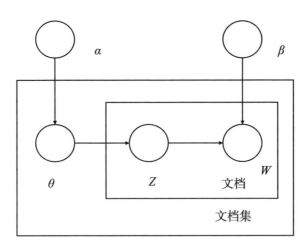

图 2.2　LDA 模型主题建模示意图

式中，$P(w_i \mid z_i = m)$ 表示词语属于潜在主题 m 的概率，$P(z_i = m)$ 表示 m 是文档 d 的主题概率。

2.3　自然灾害案例结构化设计

案例的结构化应以完整性、规范性、科学性为原则。完整性是指不丢失案例关键信息；规范性是指字段名称和字段描述应尽可能地使用简洁明确的专业术语；科学性是指案例结构应符合自然灾害与应急管理的基本规律，符合学理逻辑性。模型字段的描述方式有数字、时间、文本、规范化术语 4 种形式。

2.3.1　自然灾害数据集的构成

自然灾害案例数据一般融合了空间基础数据和灾害专业统计数据。构建案例库一般基于两个角度：从灾害学角度出发，主要研究灾害本体在案例库中的表达；从公共管理角度出发，研究灾害中的人类社会活动。

从灾害学角度构建的案例库主要依据自然灾害系统原理，构建孕灾环境、致灾因子、承灾体和灾情的内容结构，要求使用人员具备一定的灾害学专业背景。21 世纪初，徐霞等以 1998 年特大洪水为例，综合部门权威数据和报刊数据，建立了包含四大类要素库和人类响应库灾害案例数据库（2000）。清华大学等研究者设计并实现了基于 Geodatabase 的工程设施自然灾害案例库，从数据结构的角度出发，以桥梁为例提出了建立工程设施自然灾害案例库的本体模型、组织结构和存储模式（张永利，张建平，2011）。

在公共管理领域，学者 Birch 和 Guth（1995）把危机管理划分为事前、事中、事后等 3 个阶段，并且分别论述了 3 个阶段危机管理的应对策略。Robert Heath（1998）提出了危机管理的 4R 模型，并将公共危机事件应对过程分为减弱、就绪、响应、恢复等 4 个阶段，提出了不同阶段的风险管理理论。王传清、毕强提出了政府危机信息管理联动系统模型等，近年来兰州大学公共危机信息管理研究团队组织建立的"中国公共危机事件案例知识库"和北京天演融智软件公司研发的"中国危机事件与管理案例库"，是从公共管理角度对公共安全事件案例的决策辅助做出的初步探索。刘翔（2016）提出了大数据视域下的城市公共危机案例库，给出了关联数据挖掘、智能数据挖掘等初步设想。

根据公共安全三角形理论（范维澄等，2009），自然灾害可以从灾害体、承灾体和抗灾体三个方面描述，如图 2.3 所示。自然灾害的灾害体、承灾体和抗灾体三个方面相互之间存在紧密的联系。致灾因子产生于孕灾环境并反过来作用于孕灾环境，它波及承灾体，造成承灾体受损，致灾因子最重要的属性是它本身的时空信息，反映灾害的蔓延情况，方便分析潜在的影响区域；孕灾环境的重要属性是各类与致灾因子相关的监测指标；承灾体则指自然灾害对人类经济社会造成的影响，包括造成的定性或定量的各类损失、人员伤亡及环境破坏等，承灾体的损失会影响救援力量的投入，减灾救灾；抗灾体则是描述人类响应自然灾害的手段，即应急救援过程，应急救援可以从不同层级政府、不同层级救援力量分类，也可以从救援目的（救灾、医疗、安抚、维稳）等多个角度进行分类，承灾体的关键属性是它的位置信息和受损状态、脆弱性；而抗灾体的关键属性是救援队伍和物资装备的状况，以及涉及具体灾害减灾过程中的减灾能力。

从自然灾害发展和应急处置关键任务角度来看，可以将自然灾害与应急管理的全过程划分为四个大类，即预防与应急准备、应急处置与救援、信息公开与舆论引导、事后恢复与重建。每个大类中可包括多个小类内容，形成树状的案例表达结构，针对不同自然灾害或不同突发事件的特性，可对这些小类进行增加或删除，细节如图 2.3 所示。

在案例构建时采用多源数据，融入机器学习、知识图谱、自然语言处理等技术，结构化直观表达灾害事件，统筹来自政府、媒体、民众等多源数据，囊括并精炼有关灾害体、承灾体、应急救援、社会评论等主客观多角度信息。

目前对自然灾害案例数据库结构化的方法，可分为汇编式、结构式和舆情

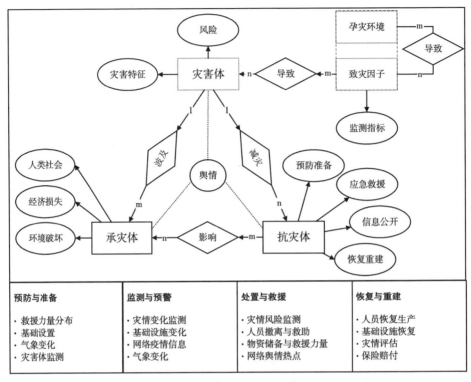

图 2.3　自然灾害案例的数据构成与不同阶段的关键任务

式案例(佘廉，黄超，2015)。汇编是把文章、文件等书面内容汇总、编排在一起形成的整体性文件。汇编式内容以文本信息为主，多由人工整理，因此效率偏低、受主观影响较大。结构式案例是随着案例推理技术(CBR)的应用而兴起(汪季玉，王金桃，2003)，其结构形式主要有三种：单一类型突发事件的框架结构、基于本体和知识元的树状结构(朱高平，2008)、基于自然语言处理技术的网状结构(杨青等，2017)。由于这些结构具有专业知识过强、普适性低、精度不高的特点，在一定程度上未得到广泛应用。舆情式案例建立在海量信息采集和定量数据分析的基础上，具有较高的结构性和较好的可读性，但其往往只关注事件部分内容，难以做到全局把控，且关注点的不同导致编制标准无法统一。

总体而言，以上三种方式在内容和结构上各尽其能，但在事件完整表达中又各有欠缺。结合三者特点，形成一种顾及灾害全过程、全方面的案例结构化方法，是全面而有效地描述案例的重要手段。结构化是指对某一过程的环境和规律，用明确的语言给予清晰的说明或描述(于学伟，2009)。结构性强的应急案例，在文本转换、数据组织与管理等方面具有优势，可以为突发事件应急决策提供辅助支持。

2.3.2 案例文本结构设计

在设计典型自然灾害案例的结构时，对于不同结构的内容，需遵循不同的要求、规范和标准。例如：

(1)大事记内容应符合时间顺序，内容需真实可信，不夹杂主观意见(于艳珍，赵明，2003)。

(2)数据库方面，按数据库组成原则进行构建，各子数据库涉及不同行业的，按各行业数据库标准进行构建。

(3)应急管理部分内容参照相关标准规范化表述。如《公共安全　应急管理预警颜色指南》(中国标准化研究院等，2018)(GB/T 37230—2018)、《公共安全　应急管理突发事件响应要求》(中国标准化研究院等，2018)(GB/T 37228—2018)、《自然灾害避灾点应急管理规范》(福建省标准化研究院等，2013)(DB35/T 1393—2013)等。应急管理涉及各灾种及不同情况的，按各情况适应的标准和规范进行表述。

此外，顾及自然灾害及灾害案例的特点，在表述灾害时还应注意以下几点：

(1)案例中的各项内容需遵循一定的前后顺序。在典型自然灾害案例中，可以依据以下几种顺序：

①时间顺序：在时间顺序下描述的事件为某一事物在时间上不断变化的趋势，一般反映灾害造成的影响和应急救援的水平。如某次灾害中救援工作、救援力量或救灾成果的变化趋势。一般而言，如果需要考察某次应急救援过程中的情况变化，如大事记、年鉴、报告等形式，宜采用时间顺序进行描述。

②空间顺序：在空间顺序下描述的事件为某一事物在不同地点的情况。典型自然灾害事件一般均具有空间性强的特征，考察在不同地点灾害影响、救灾力量等要素的水平，有助于对灾害范围和灾情严重程度进行判别。

③时空顺序：由于时间与空间不能孤立存在，时空结合的立体研判方式对于研究灾情演化规律和救援时空分布具有重要意义，多用于针对灾情和救灾本身的案例表达中。如描述某次台风随时间变化路径轨迹变化，可以对台风的趋

势进行分析。

④层级顺序：对于一次自然灾害，其决策往往是遵循由高层到底层、自上而下、自内而外等方式逐级传递，按这种顺序进行案例表达，可以清晰获知应急决策的决策者、决策对象和决策驱动力等要素。如可以按照"国家级—省部级—县处级"的行政级别顺序，也可以按照"中央—国家机构—民间机构—个人"的救援主体顺序，还可以按照"国内—国外"的国际救援顺序。

（2）由于自然灾害类型的不同，案例的各项内容可能会产生一定差异，这些差异主要体现在以下两个方面：

①自然灾害造成影响不同。各种灾害均有其独特机理与特性，造成的影响也完全不同，也需要使用不同的属性进行描述。如海洋生态灾害主要造成海面微生物暴发，并不导致人员伤亡，不具备人员疏散、善后安抚等内容。因此，结构化案例中的某些内容需要选择性使用，可以删除该条内容，或标注为空。

②突发性不同。典型自然灾害中，根据灾害突发性强弱的差异，可以将灾害分为突发性灾害和非突发性灾害。突发性灾害指无征兆或无明显征兆产生的灾害，如地震、滑坡、泥石流、森林火灾及雪崩等，这类灾害发生时人类往往无法明确预知，无法事先进行防灾减灾活动；非突发性灾害在灾害产生破坏性影响前有明显征兆，如洪涝灾害（征兆为巨量降雨、水位上涨）、台风灾害（征兆为风暴生成）、海洋生态灾害（征兆为早期绿藻浒苔生成）等，可以被人类预知并提前做好防灾减灾准备。

两类突发性差异较大的灾害分类，其需要通过完全不同的手段进行应急救援措施表达。一般而言，突发性灾害的黄金救援时间集中在灾害发生后很短的时间内，因此对应急救援的描述也应该集中在这一时段；非突发性的灾害，应当关注灾害"孕育—发生—发展—消亡"的全期阶段中所有灾害应对和救援措施。

各种典型自然灾害事件虽然在具体形式上不尽相同，但大体都符合应急安全三角形的应急救援方式，即预防与先期准备、应急响应与救援、信息公开与舆论引导、恢复与重建四个大类。可以对各个类别的救援措施进行展开叙述，必要时还可以继续细分，形成树状的案例表达结构。

自然灾害案例文本采用多级分类结构，由案例档案，概述，大事记，应急管理（预防与应急准备、应急处置与救援、信息公开与舆论引导、事后恢复与重建），分析及评述，以及参考文献、附件等内容组成，其内容框架可用如图

2.4 所示的结构展示。

案例名称

案例档案

案例名称

地点

时间

受灾人数

摘要

编制单位

1 概述

1.1 事件概要

1.2 事件发生原因

1.3 造成损失

2 大事记

3 预防与先期准备

4 应急响应与救援

4.1 态势评估

4.2 信息报告与信息通告

4.3 人员疏散与安置

4.4 医疗救治

4.5 社会秩序维护

5 信息公开与舆论引导

5.1 信息公开

5.2 网络舆情

6 恢复与重建

6.1 事故调查

6.2 恢复重建举措

6.3 善后安抚

6.4 保险理赔

7 分析及评述

8 参考文献与附件

8.1 参考文献

8.2 新闻报道

8.3 数据汇总

8.4 图片与视频

图 2.4 自然灾害案例结构框架

1. 案例档案

案例档案从案例的整体把握案例要素，描述案例的时间、地点、死亡人数、造成影响等。案例档案是案例的“封皮”和“标签”，起到使决策者快速了解案例内容的作用。表 2.4 给出了案例档案各部分内容的说明。

表 2.4 **案例档案内容说明**

案例档案内容	内 容 说 明
案例名称	案例名称采用官方指定的事件名称
地点	灾害发生的地方，用经纬度和行政区划共同表述。涉及时间先后的不同地点，按时间先后顺序表述
时间	灾害发生的时间，可以是单个时刻，也可以是某一时段

案例档案内容	内 容 说 明
受灾人数	包括受灾人数、死亡人数、受伤人数、失踪人数等
摘要	对事件发生与发展的关键要点进行概述总结
编制单位	编制案例的组织机构全称

2. 概述

(1)事件概要是对自然灾害发生与发展、应急与处置等进行概要说明,只需涉及灾害特征及救援的总体情况,无需涉及细节。

(2)事件发生原因是针对事件发生直接或间接原因进行描述。

(3)造成损失是描述自然灾害造成承灾体的破坏,包括人员伤亡、社会经济损失、社会及生态环境破坏等,涉及人口、环境、经济、基础设施等诸方面。

3. 大事记

大事记是按照时间先后顺序,列举事件中的重要节点。可以从灾害发生的关键节点(灾害孕育—发生—发展—消亡的全过程),不同层级领导指挥救灾及不同时间下的重要讲话,重要决策制定时间,应急处置中的关键资源的调度,突出的救灾情况(如第一支到达灾区的救援队、第一支国际救援队等),灾区重大新闻事件及灾后重要重建措施等内容。大事记根据时间顺序表述。

示例:

·**2008/05/12 14:28 汶川县发生特大地震(灾害本身的描述)**

四川省汶川县发生特大地震,震中为汶川县卧龙、璇口、映秀等镇,震感波及全国乃至整个东南亚,是本世纪世界范围内发生的最具破坏性地震。

·**2008/05/13 04:00 武警及官兵抵达灾区(第一支救灾队伍)**

武警战士乘坐两艘冲锋舟,从都江堰市与汶川交界处的紫坪铺水库率先进入汶川境内。成都军区两支救援部队的800多名官兵抵达地震灾情严重的绵竹市。

·**2008/05/12 16:40 领导人指挥抗震救灾工作(主要领导人救灾指挥工作)**

(原)国务院总理温家宝飞赴灾区，在飞机上直接部署抗震救灾工作，并于当天抵达四川省省会成都。(原)国家主席胡锦涛组织召开中共中央政治局常务委员会会议，全面部署当前抗震救灾工作。

4. 预防与应急准备

预防与应急准备是应对自然灾害事件的前期准备工作，主要是针对参与预防及救援的队伍、人员进行描述，其携带的救援物资、装备可作为辅助项说明。

5. 应急处置与救援

应急处置与救援是对自然灾害发生或产生破坏性影响后，针对承灾体造成破坏的救援行动。针对不同自然灾害采取的应急处置与救援活动会有很大的差异性，可根据实际情况增删本部分子条目。

(1)态势评估是针对自然灾害孕育、发生、发展及消亡各阶段或就其造成破坏的趋势，进行事件发展的态势论述。

(2)信息报告是下级单位向上级单位报告灾情信息的各类报告，信息通告则是上级单位下达给下级单位的应急救援通知、要求、方案等。叙述时按照时间顺序，列举信息报告或通告记录。

(3)人员疏散与安置是针对人员等承灾体的应急救援活动。

(4)医疗救治是自然灾害发展过程中医疗救治活动，在叙述时可以按点面结合的方式，既突出在本次灾害中医疗救治手段与过去灾害救援中医疗救治的差异，提出优点和缺点，还可以着眼于其中发生的部分救治行为和事迹。

(5)社会秩序维护是自然灾害发展过程中，进行社会秩序维护等活动。

6. 信息公开与舆论引导

(1)信息公开是政府机关与市民进行的信息公开活动，包括电视台、媒体和互联网发表公告、告市民书等形式。叙述时按照时间顺序，列举信息公开记录。

(2)网络舆情是针对灾情来自互联网及媒体平台的信息，可以是官方媒体报道的新闻，也可以是网民参与讨论的舆情。在叙述时可以按点面结合的方式，既突出在本次灾害中网络舆情导向、报道力量与手段等与过去灾害报道的差异，提出优点和缺点，还可着眼于其中发生的部分重要新闻和著名事件。

7. 事后恢复与重建

本部分内容在不同自然灾害事件中会表现出较大的差异，可根据实际情况增删子条目。

(1)事故调查是对自然灾害事件的孕育、发生、发展、消亡等过程进行技术调查活动(在海洋生态灾害、滑坡及森林火灾等由人类活动可能造成的自然灾害中，事故调查可详细展开)，也可以是人类在灾害应急救援中的不当措施、不当行为和违法违规现象。

(2)恢复重建举措是自然灾害发生后，对人类社会、居住环境或自然生态环境的恢复与重建活动。善后安抚是自然灾害发生后，对受灾群众恢复正常生活的生理、心理及其他多个方面的安抚行为。

(3)保险理赔是自然灾害发生后，针对受灾群众保险需求进行的理赔活动。在叙述时可以按点面结合的方式，既突出本次灾害中理赔的总体概况和理赔数额，还可根据"理赔企业、理赔事项、理赔金额"的方式表述具体理赔案例。

8. 分析及评述

分析与评述部分是对自然灾害的技术分析与事故评述，包括以下内容：

(1)分析灾害的得与失。分析相较于以往灾害的救援创新行为，以及起到良好效果的行为，或阐述本次救援中出现的新问题、没有得到解决的旧问题等；

(2)引用期刊论文中的分析结论。可以是不同人对不同事件的评述与观点，会涉及灾害预防、灾害救援、医疗、安抚、善后及决策等多个方面。

9. 参考文献与附件

参考文献按国家标准参考文献著录规则引用。

新闻报道主要是与事件相关的新闻内容，同时附上新闻网站，可以在此放入"信息公开与舆论引导"中提及的相关新闻。

数据汇总主要包含应急资源(救援队伍、人员)等应急救援保障的数据，自然灾害发生的孕灾环境数据，自然灾害孕育、发生、发展、消亡的态势数据，人类受灾等承灾体数据。图片与视频是与事件相关的图片与视频文件，按本地地址 URL 存储。

2.3.3 案例数据库存储结构设计

在计算机系统中，案例文本以文本文档形式存储，不利于信息提取和信息交换，且自动化和智能化程度较低。按照类似的结构化方式，将自然灾害数据存储至数据库中，可轻易实现数据的组织与管理；高度结构化的案例也有助于案例推理等分析手段的实现。

以二维表为代表的关系型数据库不适用于自然灾害案例存储，更多地使用以键值对存储的非关系型数据库（NoSQL）。键值对（key-value pairs）是构成非关系型数据库的基本单元，利用人工提取或自然语言处理等方式获取文本中的关键属性及值，即构成一个键值对。表 2.5 以台风"利奇马"为例，给出了案例文本中的关键属性提取结果。

表 2.5 　　　　　　　　　　**案例文本提取关键属性示例**

自　然　语　言	键值对（属性：值）
超强台风"利奇马"（国际编号：1909）于 2019 年 8 月 7 日 5 时被中央气象台升格为台风，23 时被中央气象台进一步升格为超强台风，并于 8 月 10 日 1 时 45 分在浙江省温岭市城南镇沿海登陆，登陆时中心附近最大风力有 16 级（52m/s）；随后其又于 8 月 11 日 20 时 50 分在山东省青岛市黄岛区沿海再次登陆，登陆时中心附近最大风力为 9 级（23m/s）。截至 2019 年 8 月 14 日 10 时，"利奇马"共造成我国 1402.4 万人受灾，57 人死亡，14 人失踪，209.7 万人紧急转移安置，直接经济损失达 537.2 亿元人民币。	台风名称："利奇马" 首次登陆位置：浙江省温岭市城南镇沿海 首次登陆时间：2019/08/10 01：45 首次登陆最大风力（米/秒）：52 二次登陆位置：山东省青岛市黄岛区沿海 二次登陆时间：2019/08/11 20：50 二次登陆最大风力（米/秒）：23 受灾人数（万人）：1402.4 死亡人数：57 失踪人数：14 转移安置人数（万人）：209.7 直接经济损失（亿元）：537.2

键值对的结构为"属性：值"，"属性"是自然灾害、承灾体或应急管理中某项特征的描述，"值"是该项特征表征的结果，其结果可以是数字、字符串等多种形式。表 2.6 给出了值的数据类型。

表 2.6   值的数据类型及其用例

数据类型	实例	属 性 用 例
整型(int)	100	死亡、受伤、失踪人数或实体个数
双精度型 (double)	1345.8 114.31	以万或亿为单位的整型值,如直接经济损失等 十进制经纬度坐标
字符串型 (string)	北京市 连日降雨导致滑坡	行政区划 灾害原因及其他文字性表述内容
日期型 (datetime)	2019/08/10 12:00:00	灾害发生时间、地点
数组(array)	[湖北,湖南,江西]	用于一对多的映射,数组元素可以是任何类型

每一个键值对都是一组映射,其特征是数据的名称对应一个或多个值;多个映射的集合即构成一组记录(document),每一个记录中存储了单个自然灾害案例的数据,多个属于同一种自然灾害的案例的集合构成表(collection),多张表的集合即构成自然灾害案例数据库(database)。属性、值、记录、表和数据库的关系如图 2.5 所示,以地震灾害为例,给出灾害属性、单个灾害、地震案例及自然灾害等要素的数据库层级关系。

由于键值对是记录的单元,也是案例推理等工作的重要数据基础,因此在案例数据库设计与构建时应遵循统一化和规范化要求。如所有以数字(整型、双精度型)形式表示的值应统一单位,所有地理位置应采用同一坐标系下的十进制经纬度坐标;同一灾种的属性,应取该灾种下所有灾害属性的并集。若部分属性的数据有缺失,可设置其值为 undefined 或 null。记录可以用 JSON 格式的文档进行存储。JSON 是一种轻量级的数据交换格式,易于人阅读和编写,同时也易于机器解析和生成。JSON 文件本身即可存储在计算机硬盘中,还可存储在 Redis、MongoDB 等适用于键值对存储的非关系型数据库中。

灾害案例采用面向对象的结构化存储方式存储在非关系型数据库中。选用 MongoDB 作为存储案例的数据库。MongoDB 是一个介于关系数据库和非关系数据库之间的产品,是非关系数据库当中功能最丰富,最像关系数据库的一种。它支持非常松散的数据结构,因此可以存储比较复杂的数据类型。MongoDB 最大的特点是其支持的查询语言非常强大,其语法类似于面向对象的查询语言,几乎可以实现类似关系数据库单表查询的绝大部分功能,而且还支持

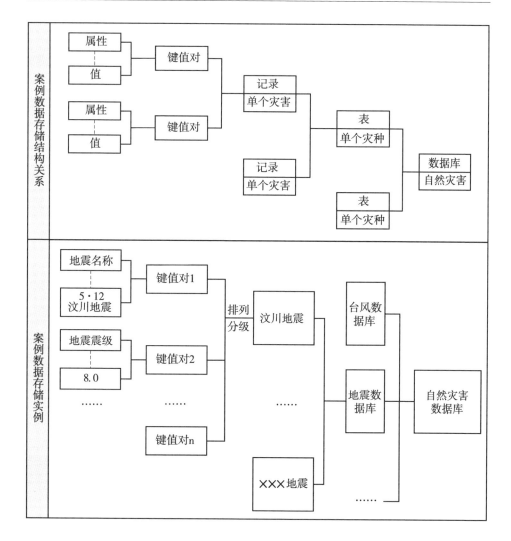

图 2.5　数据库存储结构关系及实例

对数据建立索引等功能。

　　MongoDB 使用 Binary JSON 作为存储数据和网络数据交换的基本格式。Binary JSON 简称 BSON，是一种类 JSON 的二进制形式的存储格式，它和 JSON 一样，支持内嵌的文档对象和数组对象，但是 BSON 有一些 JSON 没有的数据类型，如 Date 和 BinData 类型。BSON 可以作为网络数据交换的一种存储形式，具有轻量性、可遍历性、高效性等特点，其灵活性高，但占用较多的空间利用率。

　　自然灾害案例库选用树状结构的存储模式，通过"根节点—树枝节点—叶节点—值"的方式进行存储、查询。树状结构如表 2.7 所示：

表 2.7　　　　　　　　　　　　　**数据库存储树状结构**

一级要素	二级要素	三级要素	四级要素
概述	灾害类型		
	灾害概要	灾害名称 灾害所在位置 发生时间 人员伤亡	 死亡人数 受伤人数 失踪人数
	灾害原因	原因 1 原因 2 ……	
	灾害损失	直接经济损失 各类经济损失 ……	
大事记	1	时间 事件	
	2	时间 事件	
	3	时间 事件	
关键任务完成及应急资源使用情况	预防与应急准备		
	应急响应与救援	态势评估 信息报告与信息通告 人员疏散与安置 医疗救治 社会秩序维护	
	信息公开与舆论引导	信息公开 网络舆情	
	恢复与重建	事故调查 恢复重建举措 善后安抚 保险理赔	

续表

一级要素	二级要素	三级要素	四级要素
结论及评述	1	结论人 结论内容	
	2	结论人 结论内容	
参考文献与附件	参考文献	1	
		2	
	新闻报道	1	内容 网址
		2	内容 网址
	数据汇总	余震列表	时间 震级 震中纬度 震中经度
		灾区分布	时间 震级 震中纬度 震中经度
	图片与视频	1	主题 url 说明
		2	主题 url 说明

2.3.4 案例存储模型

在数据存储时，采用基态修正时空快照模型（周辉等，2009）存储灾害全过程，在时空快照模型的基础上引入基态修正，将基态修正模型存储效率高的特点和时空快照模型查询迅速的优点有机地结合在一起，实现对应急时空大数据的高效存储和快速查询。

基态修正的时空快照模型主要包含两类快照数据：某一时刻事件的所有数据，构成了事件的基态快照；之后采集相对于基态快照的变化量，形成了事件的修正快照。基态快照反映了基准时刻事件的全要素信息，修正快照反映了该时刻新的数据状态，基态快照和修正快照之和是修正时刻的全要素信息。

　　以台风"山竹"为例，空间基础数据包括台风"山竹"影响地区的行政区划数据、居民地数据、道路等。国情调查数据主要包括人员伤亡、经济损失、农作物损失和房屋受损数据等；致灾因子即台风"山竹"的过程路径数据，其中有坐标、风向、风圈大小、风力等属性；承灾体和抗灾体数据主要包括影响区域的政府、教育机构、医疗机构、消防力量、部队救援力量等兴趣点数据，具有坐标、地址、电话等属性；孕灾环境数据主要包括台风山竹影响区域的气候数据、降雨数据等；网络舆情数据包括关于台风"山竹"的新闻数据和微博数据。

　　台风"山竹"持续的时间较长，基态快照记录时刻可选择登陆前 12 小时、登陆时及登陆后 12 小时。快照中的每种数据由时间信息、空间信息和属性信息构成，可对不同类数据分别构建不同的时空数据对象，每个对象具有唯一标识名。在台风事件中，可将台风路径点数据，行政区划、道路、水系等空间基础数据，人口统计数据、县级经济数据、房屋数据等国情调查数据，气候数据、降雨数据、医疗机构数据、消防力量数据、部队救援数据等应急专题数据和相关新闻报道、微博等网络舆情数据作为时空数据对象存储。

　　某个时刻台风"山竹"所有的时空数据对象共同构成了基态快照，如表 2.8 是"山竹"登陆时刻的基态快照表。台风"山竹"登陆时刻基态快照包括此次应急事件的 ID、名称、文本描述、基态时刻以及此时刻下各类状态数据。这些数据都是以时空数据对象的形式存储的，在此表中的字段值为其唯一 ID 值，可通过该 ID 值索引至其所对应的具体的时空数据对象。

表 2.8　　　　　　　台风"山竹"登陆时刻基态快照存储内容

字段名	字段含义	字　段　值
Event_ID	应急事件 ID	TF1822
Event_Name	应急事件名称	台风"山竹"
Event_Des	应急事件的文本描述	超强台风山竹（英语：Super Typhoon Mangkhut，国际编号：1822，联合台风警报中心：26W，菲律宾大气地球物理和天文管理局：Ompong）为 2018 年太平洋台风季第 22 个被命名的风暴。"山竹"（泰语：มังคุด）一名由泰国提供，是一种水果。
JT_Time	基态时刻	2018-09-16T17：00：00
SB_Data	空间基础数据	GD44，GX45，HN46，GZ52，HN43
DS_data	国情调查数据	Pop_GD44，Eco_GD44，Hou_GD44，Pop_GX45，Eco_GX45，Hou_GX45，……

字段名	字段含义	字　段　值
HBE_Data	承灾体数据	HBE＿GD44，HBE＿GX45，HBE＿HN46，HBE＿GZ52，HBE_HN43
RE_Data	抗灾体数据	RE＿GD44，RE＿GX45，RE＿HN46，RE＿GZ52，RE_HN43
DIF_Data	致灾因子数据	TF_LJ1822090720
DIE_Data	孕灾环境数据	Rain18090720，Weth18090720
IPO_Data	网络舆情数据	TF_WB18220907，TF_NEWS18220907

应急过程存储对象元数据信息，包括过程名称、时态信息及过程对象的空间与属性信息。过程阶段对象表存储过程阶段对象的元数据信息，包括过程阶段对象 ID 及快照段数目、过程阶段对象的时态信息与过程阶段的特性标识、过程阶段对象的空间与属性信息；应急状态表通过过程 ID 与过程阶段对象 ID 关联，存储过程对象与过程阶段对象的时态信息，保证了过程对象或过程阶段对象的空间、属性与时态信息的一体化存储与分析。

首先，根据台风"山竹"事件的相关信息，完成台风"山竹"在应急事件过程对象表、过程关系对象表和应急过程阶段关系表中信息的插入；其次，判断快照时间属于过程阶段对象表中的 SSZ001、SSZ002、SSZ003 和 SSZ004 等哪个阶段，进行应急阶段状态表信息的填入，其全生命周期如图 2.6 所示。

根据储存的数据结构，通过查询应急事件过程对象表即可获得在某个时刻存在的所有应急事件的统一过程编号和状态，还可根据应急事件发生的具体地点，查询在某一地点发生的所有应急事件，可以对其进行按类型或者按时间排序。通过生命周期图，查看台风"山竹"变化过程。由于应急阶段状态信息表中记录了所有台风"山竹"应急事件的所有快照信息，因此，可以通过查询应急阶段状态信息表中获取的台风"山竹"的某一快照时间点，根据快照时间点确定该快照的状态变化过程，对不同快照数据类型进行叠加处理，真实查询某一时间点上所有应急要素。

在对台风"山竹"应急事件进行时空模型储存时，相应的伪代码如算法 2.1 所示。

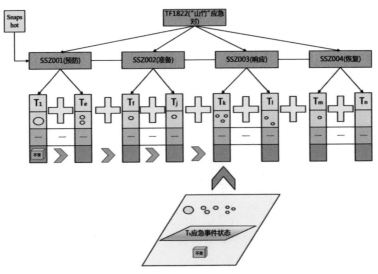

图 2.6   台风"山竹"生命周期

算法 2.1   台风"山竹"储存伪代码

输入：The Dataset of TF1822（SBData（空间数据）、DSData（灾情数据）、HBEData（承灾体）、REData（抗灾体）、DIFData（致灾因子）、DIEData（孕灾环境）、IPOData（网络信息）、JTtime（基态快照时间集合）、XZtime（修正快照时间集合）、Snames（快照名称集合）、Stimes（修正快照时间集合）

输出：records in Objectstorage、ObjectRelated、StageObject（过程阶段涉及的表）、JTXZ（基态修正表）、XZKZ（快照修正表）、StateTime（应急阶段状态表）

DataStaorage（The Dataset of TF1822，JTtime，XZtime，Snames，Stimes）

1	Insert one record into Table Objectstorage;
2	Insert one record into Table ObjectRelated;
3	Insert one record into Table StageObject;
4	Stimes = Sorted（[JTtime，XZtime]）
5	foreach time in Stimes do:
6	if time belongs JTtime then:

7		onerecord＝SBData，DSData，HBEData
8		Insert one record into Table JTXZ
9		Find where stageID in StageObject：
10		Insert one record into Table StateTime
11	else	
12		onerecord＝ChangeValue(SBData，DSData，HBEData)　//改变量
13		Insert one record into Table XZKZ
14		Find where stageID in StageObject：//根据快照时间判断
15		Insert one record into Table StateTime

2.3.5　应急事件查询

应急事件的全生命周期查询是指从应急事件表中匹配到某一事件的记录且查询到与该事件有关的所有应急阶段、应急状态信息，将组成应急事件的所有应急阶段以及组成应急阶段的所有应急状态信息从头至尾地显示。如从应急事件表中查询台风"山竹"TF1822：

（1）查询"山竹"基本信息：

select ＊ from 应急事件表 where EventID ＝ TF1822

（2）查询"山竹"所有应急阶段基本信息：

select ＊ from 应急过程关系表 where EventID ＝ TF1822

（3）根据（2）查询到的应急过程阶段名称从应急状态表中组成该阶段的应急状态信息：

select ＊ from 应急状态信息表 where ProcessID in（ select ProcessID from 应急过程关系表 where ProcessID ＝ TF1822 ）

经过三次查询可知应急事件发展的全周期过程，如图 2.7 所示。

算法 2 为某台风事件发展全过程查询伪代码。

算法 2.2　某台风事件发展全过程查询伪代码

输入：应急事件时空过程对象表，应急事件时空过程阶段对象表，过程状态对象表，基态快照表，修正快照表

输出：某台风 TF1822 的全周期过程

EventSelect(TF1822)

Initialization all nodes //初始化

1　//查询该台风事件的基本信息

2　select ＊ from 应急事件时空过程对象表 where Event-ID＝TF1822

3　//查询该台风各应急阶段的基本信息

4　select ＊ from 应急事件时空过程阶段对象表 where Event-ID＝TF1822

5　//根据应急过程阶段标识 STPID 从应急状态表中进一步得到组成该阶段的应急状态信息(即基态数据及修正数据)

6　select ＊ from 过程状态对象表 where STPID in(select ＊ from 应急事件时空过程阶段对象表 where Event-ID＝TF1822)

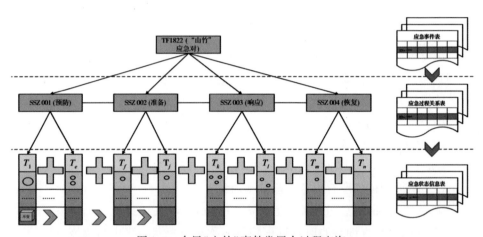

图 2.7　台风"山竹"事件发展全过程查询

　　应急阶段状态信息表中记录了所有"山竹"应急事件的所有快照信息。因此,可以通过查询应急阶段状态信息表获取"山竹"的某一快照时间点,根据快照时间点确定快照表的状态变化过程,针对不同快照数据类型,将快照表中的数据内容与基态表中的数据进行叠加处理,真实查询某一时间点上所有的应急要素。如查询台风"山竹"TF1822 某一时刻 T 的应急信息。

　　(1)查询"山竹"所有应急阶段基本信息:

select ＊ from 应急过程关系表 where ProcessID ＝ TF1822。

　　(2)查询时刻所属阶段:

select ＊ from Event where StartTime ＜= T and EndTime ＞=T。

　　(3)select ＊ from 应急状态信息表:

where Name in（select ＊ from 应急过程关系表 where StartTime ＜ ＝ T and EndTime ＞＝T）。

（4）查询快照表数据：

select ＊ from XZKZ（修正快照） where Time＝T and Event_ID＝TF1822。

（5）查询基态快照：

Select ＊ from（select ＊ from JTKZ（基态快照） where Time＝T and Event_ID＝TF1822）where rownum＝1；

（6）将两者数据叠加（Union）。

图2.8是应急事件某一时刻全要素数据状态的查询过程示意图，说明了某市在台风发生后 T 时刻的全要素数据状态，其中避难所是新增的相关应急数据，其余数据是基态数据。

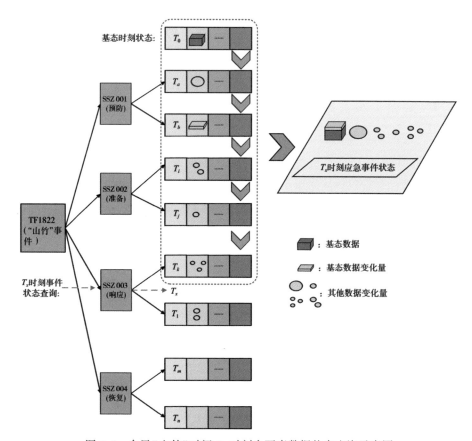

图2.8 台风"山竹"时间 T_x 时刻全要素数据状态查询示意图

2.4　自然灾害案例可视化方案

自然灾害案例数据库中的许多要素往往以地理数据的模式呈现，如地震震中、台风登陆点等属于点要素，台风轨迹、应急救援路线等属于线要素，而绿潮、森林火灾、滑坡掩埋及洪涝淹没范围等则属于面要素。这些要素在文本文档和数据库中以数字或数组的形式展现，缺少可视化载体进行直观展示，不利于人们对灾害信息的直观了解。在一定程度上来说，灾害数据的可视化为全面掌握灾害情况提供了重要参考。

目前有许多较为成熟的可视化平台，如 ArcGIS、Cesium 及 Openlayer 等。其中 Cesium 是较为广泛使用的开源三维可视化系统(https://cesium.com/)，是一个用于显示三维地球和地图的开源 JavaScript 库。它可以用来显示海量三维模型数据、影像数据、地形高程数据、矢量数据等，支持 3D、2D 或 2.5D 等多种形式的静态或动态地图展示，在地理信息系统、航天、影像服务等多个领域都有应用。下面介绍基于 Cesium 的案例可视化方法。

2.4.1　初始化及实体

Cesium 的初始界面为一个可拖拽、可放大、缩小及调整视角的地球，开发者所有的可视化指令最终都显示在地球的表面或上空。在使用中，需要规定观察视角的若干参数，从而规定界面中要看到地球的效果。这就需要建立一个观察器，通常将其命名为 viewer。创建 viewer 的代码如下：

HTML

1	`<div id="div1"></div>`
2	`<script>`
3	`var viewer = new Cesium.Viewer('div1', );`
4	`</script>`

观察器 viewer 是 Cesium.Viewer 类的对象，是用于构建应用程序的基本部件，建立在标识符为 div1 的容器内。大括号内可以添加主界面功能开关等功能语句。另外，viewer 的许多类具有地球界面美化、视角美化及底图注记加载

等功能，可以有选择性地添加这些类和方法，以达到最佳的可视化效果。例如 terrainProvider 类提供了地球的地面地形，如山地的起伏地形、水面波纹等；imageryLayers 类的 addImageryProvider 方法允许添加第三方影像或注记，开发者可以向第三方申请 API，根据需求选择合适的底图；通过设置 camera.flyTo 函数的 destination 属性，规定初始显示区域的东西经度和南北纬度，还规定观察器的视角。

实体(entity)是 Cesium 实现地理要素可视化的基本单位。创建实体的通用语句如下：

```
1   var shape = viewer. entities. add( );
```

其中，add 函数的变量规定了绘制实体的类型，可以绘制点(point)、线(polyline)、面(poligon)等地理要素。除绘制点以外，还可以对点符号、点标记等进行个性化设计。

添加点要素时，需要为点提供经纬度坐标。以下给出的实例是用于在 (114°E, 30°N)的位置添加一个大小为 10、颜色为红色的点：

```
1   viewer. entities. add( {
2   position：Cesium. Cartesian3. fromDegrees(114, 30),
3     point：{
4       color：Cesium. Color. RED,
5       pixelSize：10,
6       heightReference：Cesium. HeightReference. CLAMP_TO_GROUND
7     },
8   )};
```

添加线要素时，提供的是多段线各端点的经纬度坐标集合。以下给出的实例是用于绘制三点(112.0°E, 23.0°N)、(112.5°E, 24.0°N)和(113.0°E, 26.0°N)间顺序连成的、宽度为 5、颜色为黄色的多段线：

```
1   viewer. entities. add( {
2     polyline：{
3       positions：Cesium. Cartesian3. fromDegreesArray( [
4         112. 0, 23. 0,
5         112. 5, 24. 0,
6   113. 0, 26. 0] ),
7       width：5,
8       material：Cesium. Color. YELLOW
9     }
10  } );
```

添加面要素和多段线要素类似，提供顶点坐标集合。以下给出的实例是用于绘制以(112.0°E, 23.0°N)、(113.0°E, 24.0°N)和(114.0°E, 26.0°N)为顶点的、颜色为蓝色的三角形面状要素：

```
1   viewer. entities. add( {
2     polygon：{
3       hierarchy：Cesium. Cartesian3. fromDegreesArray( [
4         112. 0, 23. 0,
5         113. 0, 24. 0,
6         114. 0, 26. 0] ),
7       material：Cesium. Color. BLUE
8     }
9   } );
```

Cesium 支持为各实体添加标注，以文字或数字标记形式加强可视化程度。以下给出的实例是用于绘制命名为"label1"、大小为 12pt、颜色为绿色的标注，该标注位于所属实体右侧 10 像素、上方 10 像素位置：

```
1   label：{
2   text："label1"，
3       font：'12pt Source Han Sans CN'，    //字体样式
4       fillColor：Cesium. Color. GREEN，    //字体颜色
5       style：Cesium. LabelStyle. FILL_AND_OUTLINE，    //标注样式
6       outlineWidth：3，
7       pixelOffset：new Cesium. Cartesian2(10，-10)    //偏移
8   }
```

以上各项构成绘制 Cesium 基本图形元素的主要方面。在实际情况中，为了更好地表现自然灾害中的地理数据及其变化，还可加入如箭头等形式的形状图表示趋势，或进行分级设色，或利用空间分析的手段制作各类型专题图。

2.4.2 数据源可视化

许多时候，地理数据无法直接通过编写程序获取，进而通过创建实体进行展示，尤其是在数据量巨大的情况下，对计算机的计算和图形渲染能力要求较高。大量繁杂的地理数据可以通过多种数据格式进行存储，Cesium 为这些数据文件提供了专门的读取方式，能够快速高效获取并展示数据。以下针对几种常见数据源的导入进行介绍：

1. GeoJSON 和 TopoJSON

GeoJSON 是一种对地理数据结构进行编码的格式，是 Cesium 较常用的数据源之一。GeoJSON 语法和 JSON 一致，区别在于前者对各属性做了明确规范，因此可作为一种通用的数据存储格式。

GeoJSON 的数据存储在 coordinates 属性中，以经纬度坐标数组的形式呈

现，因此本质上 GeoJSON 存储的数据是点的集合；通过 type 属性限定表达地理实体的特征，即可表示点或多点、线或多线、面或多面、几何体集合、特征或特征集合等，涵盖了大部分地理实体的表示方式。

Cesium 中利用 GeoJsonDataSource 类读取 GeoJSON 文件。以下给出读取文件并在界面中展示的方法：

```
1  var Area = Cesium. GeoJsonDataSource. load( '/geojsonfile. json', );
2  Area. then( function ( dataSource) {
3  viewer. dataSources. add( dataSource);
4  });
```

按以上方式可视化生成的几何体为同一颜色。对于具有属性特征的 GeoJSON 文件，其属性和值存储在文件 properties 属性下。以下以"5·12 汶川地震"为例，读取 GeoJSON 文件并获取 properties 属性下 level 子属性中的"灾区受灾程度"，对重灾区、较重灾区和一般灾区进行分层设色的方法如下：

```
1  Area. then( function ( dataSource) {
2  viewer. dataSources. add( dataSource);
3  var entities = dataSource. entities. values;
4  for ( var i = 0; i < entities. length; i++) {
5  switch ( entities[i]["properties"]["level"]["_value"]) {
6  case 2:    //重灾区
7  entities[i]. polygon. material = Cesium. Color. RED. withAlpha( 0. 25);
   break;
8  case 1:    //较重灾区
9  entities [i]. polygon. material = Cesium. Color. ORANGE. withAlpha
   (0. 25);    break;
10 case 0:    //一般灾区
11 entities[i]. polygon. material = Cesium. Color. GOLD. withAlpha( 0. 25);
   break;
```

12	}
13	}
14	});

另一种采用 JSON 文件格式的数据源为 TopoJSON，它是 GeoJSON 按拓扑学编码后的扩展形式。不同于 GeoJSON 使用几何体来表示图形，TopoJSON 文件由变换参数(transform)、地理实体(objects)和有向弧(arcs)三部分组成。基于这种弧的存储方式可以表达出拓扑关系。由于弧只记录一次及地理坐标使用整数，不使用浮点数，因此文件大小相较 GeoJSON 缩小了 80%。GeoJSON 和 TopoJSON 文件可以互相转化。

2. Shapefile 文件

Shapefile 是 ESRI 公司开发的一种空间数据开放格式，它是一种矢量图形格式，能够保存点、折线与多边形等几何图形的位置及其属性。Shapefile 文件实际上是一种文件存储的方法，该种文件格式是由多个文件组成的。其中有三个文件是必不可少的：.shp 为图形格式，用于保存元素的几何实体；.shx 为图形索引格式，能够加快向前或向后搜索一个几何体的效率；.dbf 为属性数据格式，存储几何形状的属性数据。

Shapefile 类型的文件可以在 ArcMap 等软件中生成，并与 GeoJSON 文件实现互相转化，进而在 Cesium 中读取。

3. 图像

Cesium 中可以导入外部影像数据或图片。影像可利用 Cesium 的自带类加载，而平面图片则需作为 Cesium 实体的 material 属性加载。以下给出加载矩形图片的方法：

1	var entity = viewer. entities. add({
2	rectangle: {
3	coordinates: Cesium. Rectangle. fromDegrees (- 100. 0, 20. 0, -90. 0, 30. 0),

4	``` }```
5	```}）；```
6	```var ellipse ＝ entity. ellipse；```
7	```ellipse. material ＝ ´/lakes. jpg´；```

4. WMS

网络地图服务（Web Map Service，WMS）是利用具有地理空间位置信息的数据制作地图的服务。其中地图定义为地理数据的可视化表现，能够根据用户的请求，返回相应的地图，包括 PNG、GIF、JPEG 等栅格形式，或者 SVG 或者 Web CGM 等矢量形式。

Geoserver 是一个遵循 OGC 开放标准的开源 WMS 服务器。使用 Geoserver 工具发布 WMS 服务（部署到本地服务器），进行影像切片等处理后即可在 Cesium 端发布。

2.4.3　轨迹动态效果

Cesium 可以绘制一组数据随时间变化的动态效果，用于模拟自然灾害动态演化、灾害特征变化趋势等，这对于灾害趋势预测、探究灾害演化规律及情景推演等有着重要意义。Cesium 是通过设置实体的 availability 属性来控制对象的显示时间，从而实现动画演示效果的。

对于每一个实体，availability 属性包含 start 和 stop 两个时刻，分别代表实体出现、消失的两个时刻。Cesium 中的时刻为儒略时，以下给出了儒略时与公历的转换方式：

1	```var start ＝ Cesium. JulianDate. fromDate（new Date（year，month，day，``` ```hour，minute，second））；```

指定时间时，还可以以"时刻+时长"的方式定义。以下给出定义"start 时间后 30 天"的时间方式：

| 1 | var stop = Cesium. JulianDate. addDays (start, 30, new Cesium. JulianDate ( )); |

结合实体的位置属性和出现/消失时间段，即可模拟动态变化的效果。以下给出实现散点随时间变化轨迹效果的方法，线轨迹类似：

```
1  viewer. entities. add( {
2  position： position,
3      availability： new    Cesium. TimeIntervalCollection  ( [  new  Cesi-
   um. TimeInterval( {
4      start： start,
5      stop： stop
6   } ) ] ),
7   point：     //散点轨迹
8  } );
```

线状符号的表示在普通地图中经常使用，例如表示水系、交通网或者是境界等。在专题地图中线状符号除了可以表示上述要素以外，还可以表示灾害相关的专题要素，例如地质构造线和台风路径等，如图2.9所示。

2.4.4 案例可视化效果

在可视化系统的源程序目录，输入命令：

```
1  node server
```

当终端显示"Cesium development server running locally. Connect to http：//localhost：8080/"时，表明 Cesium 系统部署完成。在浏览器中打开网站 http：//localhost：8080/Main/main. html，即打开本可视化程序。

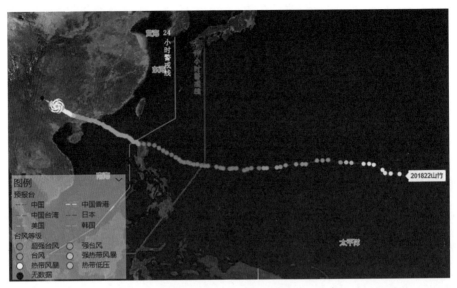

图 2.9　台风"山竹"轨迹图

点击右侧"灾害列表🔣"即可查看"5·12"汶川地震、台风"山竹"等自然灾害的地理数据可视化效果，如图 2.10 所示，点击下方时间轴的"暂停/播放⏸"按钮，可观看动态变化情况。点击右侧"灾害数据📄"按钮，可查看结构化后的自然灾害案例 JSON 文档。

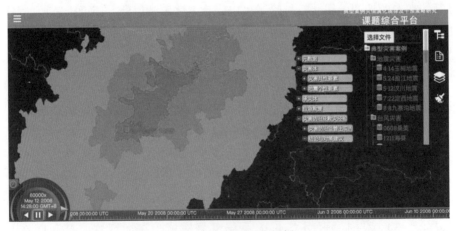

图 2.10　案例可视化示例

2.5 灾情简报自动生成方法

灾情简报是以书面文字材料传递灾害灾情参数的报告，具有汇报性、交流性和指导性等特点。例如在地震发生后，包含地震参数、震中地理信息、灾情等相关内容的震情简报，是地震局与政府部门、新闻媒体沟通交流信息的书面材料，是辅助决策者实施决策的有力依据。下面以地震灾情为例，论述地震灾情简报自动生成的方法。

2.5.1 灾情简报生成技术流程

简报生成系统采用 C#和 Python 编写。C#语言(.NET)用于编写 Windows Form 应用程序，读取存储在本地数据库中的相关信息，并利用 pdf 文档编写工具 iTextSharp 进行文字排版；使用基于 C#语言的 ArcGIS Engine 工具实现地图展示、图上元素标注及绘制等效果；Python 语言用于数据预处理、分词及可信度评价，并搭载灾情评估的机器学习分类工具。

首先，系统每两小时从网络中获取一次微博数据，进行预处理和可信度评价，统计、总结属性对应的最或然值；然后，在将相关属性进行特征化处理、创建分类模型的特征及标签后，利用已完成学习的灾情评估工具评估地震灾情的严重性。最后，将灾情属性和评估结果进行文字排版，对地理要素进行图上展示，利用 pdf 生成工具产生简报文件。其工作流程如图 2.11 所示。

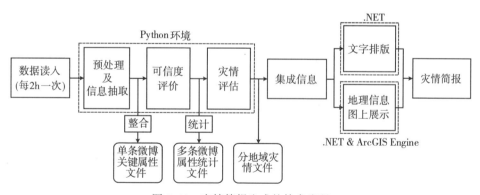

图 2.11 灾情简报生成的技术流程

采用非关系型数据库保存微博属性数据，以 JSON 文件格式在 MongoDB 数据库或本地存储；利用基于 .NET 环境的开源 JSON 操作类库 Newtonsoft. Json

读写 JSON 文件。存储数据包含以下内容：①单条微博转化的关键属性；②某时段内微博的关键属性统计结果；③震区内各地域的灾情评估结果。

用户只需为系统设定好数据源的文件或数据库存储位置，并在配置文件中设定相关数据或路径(如网络地图 API 密钥、底图文件路径等)，系统自动完成数据处理、分析及文档生成，全过程无需人工干预。

2.5.2　灾情简报内容设计

地震灾情简报的设计依据住房和城乡建设部《关于规范建设系统地震震情灾情信息报送、报道工作的通知》要求，地震震情、灾情信息报送的内容包括：地震的基本情况(时间、地点、震级、烈度等)，地震灾区震前各类房屋基本情况，震后破坏情况和抢排险情况，可配以图片或录像。考虑到本章采用的微博数据源中包含情感信息和灾害救援信息，因而也在简报中加入上述信息，作为补充。

从地震信息、灾情信息和救援信息等方面设计的地震灾情简报包含的内容见表 2.9，其中地震灾害、承灾体及评估结果等属性，在统计其结果后，填入数值即可。而对于灾情信息中的地理要素，如震中位置、震感分布及地域灾害评估结果等，则需通过可视化手段来实现图上展示。

表 2.9　　　　　　　　　　　　地震灾情简报内容

属性		内 容 解 释
红头标识和标题		—
发布时间		灾情简报发布的时间
地震信息	发震时间	主震发生时间
	震中	震中经纬度及行政区划
	震级、震源深度	—
灾情信息	伤亡	死亡、受伤人数
	灾害心理	轻松、紧迫、恐惧等
	灾情等级	通过综合视角下的灾情评估得到的地震等级
	灾情评估	按巨灾、特大灾、重大灾、较大灾和一般灾进行评价
救援信息	应急响应最高等级	—
	赴灾区救援队数	在本时段内统计得到的赶赴灾区救援队总数
	救援最高等级	救援队的最高级别
灾情地图展示		包括地震信息、震感、救援及灾区分布等
信息时段		表明采用微博数据的所属时间段

2.5.3 灾情简报中图形的制作

地震灾害及灾情中，许多要素都是以地理信息的形式展现的。用文字形式展现这些要素时，虽然保留了精确的地理数据，却不能给人以直观印象，读者往往需要花时间查阅或在大脑中将数据转换为可感知的信息。地图则利用符号、注记系统等图像语言，按比例塑造、再现这些数据背后的地理实体，通过辅以指北针、比例尺、图例等图面辅助要素，能够直观地给出各实体之间的方位、距离等。尽管图上表示地理位置时必定会产生误差，但可将其控制在一定的范围内，即可在不影响读者对事物的感观和认识的同时，对简报读者快速了解灾情提供重要帮助。

1. 地图图廓确定

地图的图廓是地图显示范围的边界，直接决定了地图输出结果和相关地理要素是否显示。在一般地图中，可视区域具有特定的边界，因而容易确定图廓范围；而地震灾害的影响范围大，为在有限范围内尽可能显示震区内的信息点，就要求根据震区内点位的分布来合理确定图廓。一般而言，图廓内应涵盖所有或绝大部分需表达的要素，如果将比例尺放大，表示范围随之变小，则可能导致部分地理要素超出地图范围，无法在图上绘制；若将比例尺缩小，又可能导致地图载负量过大、注记稀疏等问题，不利于地图阅读。

地震波传播由近及远时，其能量也在逐渐变小，破坏力随之递减。距离地震震中区域越远的区域，其受灾害影响程度较小，在一定程度上不作为首要救灾目标。因此，可以采用一个大小适宜的图廓，囊括图中聚集在震中周围的大部分地理实体，而剔除那些距离较远的少量信息。震中是地震波产生的源头，对一次地震有关键意义，因此可以采取比较震中距的方法实现。

根据微博数据中的地理标签或描述的地理位置，提取出点状地理实体，计算这些点状地理实体与震中点的距离，并对距离进行排序、计数以获取其分布。记图廓内总点数为 N。对上（或下）边界按一定步进降低（或提升）高度，若记在某次调整中剔除在外的点数为 N_E，则当剔除率

$$\alpha = \frac{N_E}{N} \geqslant \alpha_0 \times 100\% \qquad (2.8)$$

时停止步进，选用上一次调整结果作为图廓边界；否则，以调整后的新图廓中点个数作为 N，重复上述过程直至停止步进。

2. 瓦片地图坐标转换及底图生成

地图底图是表述图上地理要素位置、方位、距离等的重要载体，是可视化结果中不可缺少的部分。目前主流的地图服务，尤其是电子地图服务，其地图底图是由多个相同尺寸（一般为 256 像素 × 256 像素）的小图片按照一定规则无缝拼接而成的，这些小的图片即称为瓦片。主流的电子地图服务商提供的底图均为瓦片地图，并对开发者提供下载瓦片地图等服务。本研究实验中采用百度地图作为底图数据源。

百度地图的地图层级划分为 19 层，地图层级的数值越大，单张瓦片地图显示的范围越小；反之则其显示范围越大。无论处于哪一层级，横纵编号为 (0, 0) 的瓦片，其左下角点均位于零度经线与赤道的交点处，并始终以东方向为 x 轴正向，北方向为 y 轴正向。可以看出，瓦片编号与经纬度坐标定义原点和方向的规则一致，但想要达到二者之间的互相转换，还需了解地图投影及瓦片切割方式。

百度地图 API 设定其第 18 级地图的像素坐标为墨卡托投影坐标，即在第 18 级地图下，每一个像素值均代表墨卡托投影系下的单位长度；而百度地图瓦片遵循瓦片金字塔模型进行缩放，每一级之间同一个点的对应瓦片编号数值呈底数为 2 的指数关系。对于任意地图层级 m 下某点 P 的像素坐标 (X_m, Y_m) 与其墨卡托投影坐标之间的换算公式：

$$\begin{cases} X_m = X_{18} \times 2^{m-18} \\ Y_m = Y_{18} \times 2^{m-18} \end{cases} \tag{2.9}$$

而瓦片的宽度固定为 256 像素，将像素坐标除以瓦片宽度即得到 P 在 m 层级下的瓦片编号。

通过经纬度转换算法的逆运算，可以获取不同等级下单张瓦片的经纬值差，以此确定选用作为底图的瓦片等级。表 2.10 以编号为 (0, 0) 的瓦片为例，给出在等级 $z \in [7, 12]$ 下单张瓦片的规格：

表 2.10　　　　　　　　　　　　不同等级下单张瓦片规格

瓦片等级 z	7	8	9	10	11	12
经差 (°)	4.736	2.370	1.185	0.593	0.296	0.148
纬差 (°)	4.710	2.355	1.177	0.589	0.294	0.147

根据确定的图廓边界所处经纬度值计算底图的纬差及经差，根据差距大小和瓦片规格以确定地图层级。通过确定图廓四边界在拼接瓦片地图上的位置，产生了符合要求的底图。

3. 地理要素图上绘制

根据地理实体的经纬度，为其进行图上标注与展示。根据所需展示内容的类型，分为以下几类：①震中：用点要素表示震中位置，附有震级、行政区划等标注；②震感：用点要素表示某城市的震感，点要素的不同深浅颜色表示震感的大小程度；③救援：用线要素表示救援方向，起始端为救援队伍出发点或城市，末端指向待救援位置。线要素的不同颜色表示不同的救援级别；④各地区灾情：用点要素表示灾情严重性，或利用插值等空间分析方法将点要素转换为面要素。

根据上述类型，对所有点要素按其数据源类型分类，并根据经纬度换算后的瓦片地图编号在图上确定其具体位置，按照一定的分级标准着色并展示。采用 ArcGIS Engine 相关工具实现底图导入、要素展示及空间分析等功能（彭思岭，邓敏，2009），其中针对底图及点、线、面要素分别采用以下方法或技术实现可视化：

（1）底图：将底图导入时，应附加其空间参考信息，以使程序实现准确定位。根据图廓四角点的经纬度坐标对底图进行配准，并采用 WGS-84 坐标系进行投影。不启用栅格拉伸渲染以保持底图原有色调。

（2）点要素：在标注震中点要素时，采用注记形式标注震中所处行政区划及震级信息。震中点符号作为灾情地图中的重要内容，应选用鲜明颜色且突出表示。震感点要素按照"强烈震感""有震感"和"无明显震感"三种类型，采用分级设色的方法表示；设定颜色应与图例中保持一致。

（3）线要素：线要素用于表示救援路线，对救援路线分级设色。当救援出发城市位于图廓之外时，可采用指向救援目的地，并附以救援队信息的短线段表示路线，不显式表示其出发地点。

（4）面要素：面要素用于表示各地区灾情的插值结果。采用基于圆函数的克里金插值方法，导入灾情信息点要素后进行插值处理；若插值结果的分级数量大于灾情分级数，则需将分级数设定为灾情分级数，并重新生成分级结果。将面要素图层透明度调整为50%，使之不完全遮盖底图，以免影响阅读。

用以上方法生成的灾情地图简报如图 2.12 所示。

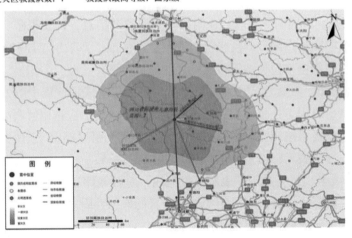

图 2.12 地震灾情简报示例图

第3章 自然灾害的时空发展态势分析

自然灾害的发展往往经历孕育与发生、发展与突变、衰减与结束的阶段。自然灾害在演化过程中，往往对其影响空间范围内的人、财、物等承灾体构成威胁。国家或社会组织针对灾害发展的不同阶段、不同级别、不同影响范围，根据灾害的影响范围、发展趋势，制定出恰当的应急策略，并开展相应的应急救援活动，以降低灾害带来的损失。

3.1 基于空间分析的灾害影响分析

空间分析是评估潜在危险的强大工具，能够评估灾害在哪里发生，可能会造成什么样的影响、伤害和损失等。通过事发位置信息、追踪路径、传感器、视频以及其他相关动态数据与交通、医院、气象等结合起来，为决策者提供有力支持。当危机出现时，空间分析成果能够为应急行动计划制订、毁坏情况的评估，以及灾害信息的共享提供相关信息和帮助。

3.1.1 基础空间分析

一般而言，对灾害进行空间分析的时候，我们首先关注的就是其空间位置、影响范围以及影响范围内承灾体分布等情况。这就会涉及两种基本空间分析方法——空间缓冲区分析和空间叠加分析。

1. 空间缓冲区分析

所谓缓冲区就是地理空间目标的一种影响范围或服务范围。从数学角度来看，缓冲区的基本思想是给定一个空间对象或者集合，确定它们的邻域，邻域的大小由邻域半径 R 决定（邬伦，2001）。因此，对象 O_i 的缓冲区定义为：

$$B_i = \{x: d(x, O_i) \leq R\} \tag{3.1}$$

即对象 O_i 的半径为 R 的缓冲区为距离 O_i 的距离 d 小于 R 的全部点的集合。d 一般采用欧氏距离，但也可以采用其他定义的距离。对于对象集合 $O = \{O_i:$

$i = 1, 2, \cdots, n\}$，其半径为 R 的缓冲区是各个对象缓冲区的并集，即

$$B = \bigcup_{i=1}^{n} B_i \qquad\qquad (3.2)$$

2. 空间叠加分析

叠加分析是将有关主题层组成的数据层面，进行叠加产生一个新的数据层面的方法，其结果综合了原来两层或者多层要素所具有的属性。叠加分析包括空间关系的比较和属性关系的比较，可以分为以下几种：视觉信息叠加、点与多边形叠加、线与多边形叠加、多边形叠加和栅格叠加（邬伦，2001）。

①视觉信息叠加是将不同层面的信息内容叠加显示在结果图件或者屏幕上，以便研究者判断其相互空间关系，获得更丰富的空间信息，该方法不产生新的数据层面，只是将多层信息复合显示，便于分析。②点与多边形叠加，实际上是计算多边形对点的包含关系，通过计算每个点相对于多边形线段的位置，判断点是否位于多边形内部；经过空间关系计算后，进行属性信息处理，最简单的方式就是将多边形属性附加到点上或者将点的属性附加到多边形上；若有多个点位于一个多边形内，则要采用一些特殊规则，如将点的数目或者各点的属性和等信息附加到多边形上。③线与多边形的叠加，是比较线上坐标与多边形坐标 v 的关系，判断线是否落在多边形内。计算过程通常是计算线与多边形的交点，只要相交，就产生一个节点，将原线打断为一条条弧段，并将原线和多边形属性信息一起赋值给新线段。④多边形叠加是叠加分析中最常用的，是将两个或多个多边形图层叠加产生一个新的多边形图层的操作，其结果将原来的多边形要素分割为新要素，新要素综合了原来图层的属性；叠加过程可分为几何求交过程和属性分配两个步骤，几何求交过程首先求出所有多边形边界线的交点，再根据这些交点重新进行多边形拓扑计算，生成新多边形对象，之后可将源图层对象的属性拷贝到新对象的属性中。⑤栅格数据结构空间信息隐含属性信息明显，是最典型的数据层面，可以通过数学计算建立不同数据的联系，这种基于数学运算的叠加分析称为地图代数；栅格叠加的另一个形式是二值逻辑叠加，即通过逻辑"与""或""非""异或"等操作进行分析，常用于栅格结构数据的查询。

3.1.2　空间插值分析

空间插值常用于通过已知的空间数据来预测未知空间数据值，其根据是已知观测点数据、显式或隐含的空间点群之间的数学模型以及误差目标函数。其

理论假设基于地理学第一定律：空间位置上越靠近的点，越可能具有相似的特征值；而距离越远的点，其特征值相似的可能性越小。空间插值一般包括以下过程：①空间样本数据的获取；②通过对已获取到的数据进行分析，找出空间数据的分布特性、统计特性和空间关联性；③根据所掌握的信息量，选择最适宜的插值方法；④对插值结果的评价（王劲峰等，2010）。

空间插值方法可以分为整体插值和局部插值方法两类（Wong, et al., 2003）。整体插值方法用研究区所有采样点的数据进行全区特征拟合；局部插值方法是仅仅用邻近的数据点来估计未知点的值。整体插值方法通常不直接用于空间插值，而是用来检测不同于总趋势的最大偏离部分，在去除了宏观地物特征后，可用剩余残差来进行局部插值。由于整体插值方法将短尺度的、局部的变化看作是随机的和非结构的噪声，从而丢失了这一部分信息，局部插值方法恰好能弥补整体插值方法的缺陷。

趋势面分析是一种常用的整体插值方法，即整个研究区使用一个模型、同一组参数。它先根据有限的空间已知样本点拟合出一个平滑的点空间分布曲面函数，再根据该函数来预测空间待插值点上的数据值。如何通过已知点空间分布特征的认识来选择合适的曲面拟合函数是趋势面法的核心。传统的趋势面方法是通过回归方程，运用最小二乘法拟合出一个非线性多项式函数（何红艳等，2005）。比如，当对二维空间进行拟合时，如果已知样本点的空间坐标 (x, y) 为自变量，而属性值 z 为因变量，则其二元回归函数为：

一次多项式回归： $z = a_0 + a_1 x + a_2 y + \epsilon$ (3.3)

二次多项式回归： $z = a_0 + a_1 x + a_2 y + a_3 x^2 + a_4 xy + a_5 y^2 + \epsilon$ (3.4)

式中，a_0，a_1，a_2，a_3，a_4，a_5 为多项式系数，ϵ 为误差项。

趋势面法容易理解，计算简便，适用于：①以表达空间趋势和残差的空间分布为目的；②观测有限，插值也基于有限的数据。趋势面方法使用的是一个平滑函数，一般很难正好通过原始数据点。虽然采用次数较高的多项式能够很好地逼近数据点，但会导致计算过程复杂，而且会降低分离趋势的作用，一般多项式次数为 2 或 3 即可。

地理分析中经常采用泰森多边形插值方法进行快速赋值。泰森多边形（Thiessen，又称 Voronoi 多边形）方法是荷兰气象学家 A. H. Thiessen 提出的一种根据离散分布的气象站的降水来计算平均降水的方法，采用了一种极端的边界内插方法，只用最近的单个点进行区域插值（朱海燕，2005）。泰森多边形按数据点的位置将区域分割为子区域，每个子区域包含一个数据点，各子区域到其内数据点的距离小于任何到其他数据点的距离，并用其内数据点进行赋值。用泰森多边形插值方法得到的结果图变化只发生在边界上，在边界内部是均质和无变化的。泰森多边形计算方法见算法 3.1。

算法 3.1　泰森多边形计算方法

输入：样本点 SamplePoints，待插值点 UnknowPoints
输出：待插值点属性值 Values
Thiessen（SamplePoints，UnknowPoints）

1	foreachiPoint in UnknowPoints　do
2	使用一个极大值初始化 MinDistance
3	foreach sPoint in SamplePoints do
4	计算 iPoint 与 sPoint 的距离 d_{is}
5	If d_{is}< MinDistance then
6	//更新最小距离 MinDistance 和 iPoint 的属性值
7	MinDistance←d_{is}；iPoint. value←sPoint. value

　　反距离权重方法综合了泰森多边形的邻近点方法和趋势面分析的渐变方法的长处，其输入和计算量少，不过这种方法无法对误差进行理论估计。其基于"地理学第一定律"的基本假设，即临近的区域相似度高于距离远的区域，它假设未知点处属性值是在局部邻域内中所有数据点的距离加权平均值，其计算公式如下：

$$\begin{cases} z(x_0) = \sum_{i=1}^{n} \mu_i \cdot z(x_i) \\ \sum_{i=1}^{n} \mu_i = 1 \end{cases} \tag{3.5}$$

式中，权重系数 μ_i 由函数 $\psi(d(x, x_i))$ 来计算，要求当 $d \to 0$ 时，$\psi(d) \to 1$，一般取倒数或负指数形式 $d^{-\gamma}$，e^{-d}，e^{-d^2}，其中函数 $\psi(d(x, x_i))$ 最常见的形式是距离倒数加权函数，形式如下（刘光孟等，2010）：

$$z(x_j) = \frac{\sum_{i=1}^{n} z(x_i) \cdot d_{ij}^{-\gamma}}{\sum_{i=1}^{n} d_{ij}^{-\gamma}} \tag{3.6}$$

式中，x_j 为未知点，x_i 为已知点。

反距离加权法以插值点和样本点的距离为权重选取依据，简单易行，但是 γ 的取值缺少根据，插值点容易产生丛集现象，会出现相近的样本点对待插值点的贡献几乎相同，待插值点明显高于周围样本点的分布现象，其伪代码如算法 3.2 所示。

算法 3.2　反距离加权法计算方法

输入：样本点 SamplePoints，待插值点 UnknowPoints

输出：待插值点属性值 Values

IDW（SamplePoints，UnknowPoints）

1	foreach iPoint in UnknowPoints do
2	foreach sPoint in SamplePoints do
3	计算 iPoint 与 sPoint 的距离 d_{is}
4	选取距离小于距离阈值的样本点 SelectedPoints，并保证点的数量
5	初始化 SumV = 0；SumD = 0
6	Foreach　kPoint in SelectedPoints do
7	SumV←SumV+kPoint. value * (kPoint . distance$^{-\beta}$)
8	SumD←SumD+kPoint . distance$^{-\beta}$
9	iPoint. value = SumV/SumD

前面介绍的几种插值方法对影响插值效果的一些敏感性问题仍没有得到很好的解决，例如趋势面分析的控制参数和反距离权重法的权重对结果影响很大，这些问题包括：①需要计算平均值数据点的数目；②搜索数据点的邻域大小、方向和形状如何确定；③有没有比计算简单距离函数更好地估计权重系数的方法；④与插值有关的误差问题。

为解决这些问题，克里金插值方法被提出，最开始用于矿山勘探。之后，这个方法被广泛地应用于地下水模拟、土壤制图等领域。该方法充分吸收了地理统计的思想，认为任何在空间连续性变化的属性是非常不规则的，不能用简单的平滑数学函数进行模拟，可以用随机表面给予较恰当的描述。这种连续性变化的空间属性称为区域性变量，可以描述像气压、高程及其他连续变化的描述指标变量。地理统计方法为空间插值提供了一种优化策略，即在插值过程中根据某种优化准则函数动态地决定变量的数值。克里金插值方法的区域性变量理论假设任何变量的空间变化都可以表示为下述三个主要成分的和：①与恒定均值或趋势有关的结构性成分；②与空间变化有关的随机变量，即结构性变量；③与空间无关的随机噪声项或剩余误差项(汤国安等，2010)，其伪代码如算法 3.3 所示。

算法 3.3　克里金插值方法

输入：样本点 SamplePoints，待插值点 UnknowPoints
输出：待插值点属性值 Values
Kriging(SamplePoints，UnknowPoints)

1　计算样本点之间的距离

2　对计算所得距离按从小到大进行排序

3　将距离值分为若干组，每组包含一定数量的距离值

4　foreach 距离分组 do

5　计算平均距离$\overline{h_i}$

6　计算组内变差函数估计值$\gamma * (h) = \dfrac{1}{2N(h)} \displaystyle\sum_{i=1}^{N(h)} \left[Z(x_i) - Z(x_i + h) \right]^2$

7　使用函数模型拟合得到变差函数 $\gamma(h)$

8　计算所有变差，组成系数矩阵

9　foreach x_o in UnknowPoints do

10　求解加权系数$[\lambda_1, \lambda_2, \cdots, \lambda_n]$

11　$Z^*(x_o) = \displaystyle\sum_{i=1}^{n} \lambda_i Z(x_i)$

空间插值既取决于样本点的数量，取样点数量越多，插值的准确性越高，还取决于样本点的位置，当数据点相关且均匀分布时，能更好地反映研究要素在空间的分布特征。对于空间数据的内插，一种"包插百量"的最优空间内插方法是不存在的；对于不同的空间变量，在不同的地域和不同的时空尺度内所谓的"最优"内插法是相对的(冯锦明等，2004)。

3.1.3　空间聚类分析

空间聚类分析是聚类研究在空间数据分析中的应用。通过空间聚类，可以从空间数据集中发现隐含的信息或知识，包括空间实体聚集趋势、分布规律和

发展变化趋势等。空间聚类分析应用广泛，常应用于如生态环境、军事和自然灾害等领域。

空间聚类分析的任务是把空间数据对象划分为多个有意义的簇，即根据相似性对数据对象进行分组，使得每一个簇中的数据是相似的，而不同的簇中的数据尽可能不同，即簇内相似，簇间不同。目前，国内外已有不同学者对空间聚类问题进行了较为深刻的研究，提出了不同方法。根据所采用思想的不同，空间聚类算法主要可归纳为以下几种：基于划分的方法、基于层次的方法、基于密度的方法、基于网格的方法、基于模型的方法和其他形式的空间聚类算法（柳盛，吉根林，2010）。

基于划分的方法通过给定一个包含 n 个对象或数据的集合，将数据集划分为 k 个子集，其中每个子集均代表一个聚类（$k \leqslant n$），划分方法是首先创建一个初始划分，然后利用循环再定位技术，即通过移动不同划分中的对象来改变划分内容。K-means 算法是其中较为典型的一种，这里对其进行简单介绍。K-means 算法首先从 n 个数据对象中随机地选择 k 个对象，每个对象初始地代表一个簇中心，对剩余的每个对象，根据其与各个簇中心的距离，将它赋给最近的簇，然后重新计算簇的平均值。不断重复这个过程，直到准则函数收敛。

基于层次的聚类方法通过将数据组织为若干组并形成一个相应的树来进行聚类，可分为自顶向下的分裂算法和自底向上的凝聚算法两种。分裂算法，首先将所有对象置于一个簇中，然后逐渐细分为越来越小的簇，直到每个对象自成一簇，或达到某个终止条件，而凝聚聚类算法刚好相反，首先将每个对象作为一个簇，然后将相互邻近的簇合并为一个大簇，直到所有对象都在一个簇中，或达到了某个终止条件。

绝大部分的基于划分方法的空间聚类算法都是基于对象之间的距离进行聚类，这类方法只能发现球状的类。基于密度的聚类方法与之不同，其主要思想是只要邻近区域的密度（对象或数据点的数目）超过某个阈值，就继续聚类，这样可以过滤"噪声"数据，发现任意形状的类，DBSCAN 算法是其中较有代表性的一种，以下进行比较详细的介绍。

DBSCAN 是基于一组邻域来描述样本集的，参数（ϵ，MinPts）用来描述邻域的样本分布紧密程度。其中 ϵ 描述了某一样本的邻域距离阈值，MinPts 代表某一样本的距离为 ϵ 的邻域中样本个数的阈值。设样本集为 $D = (x_1, x_2, \cdots, x_n)$，则 DBSCAN 具体的密度描述定义如下：

（1）ϵ-邻域：给定样本半径为 ϵ 内的区域为该样本的 ϵ-邻域，该邻域包含样本集中与样本距离不大于 ϵ 的子样本集；

(2)核心对象：对于任一样本 $x_j \in D$，若其 ϵ-邻域中的样本数量大于等于 MinPts，则称其为核心对象；

(3)密度直达：如果 x_i 位于 x_j 的 ϵ-邻域中，且 x_j 为核心对象，则称 x_i 由 x_j 密度直达；

(4)密度可达：对于 x_i 与 x_j，若存在样本序列 p_1，p_2，$\cdots$，p_T，满足 $p_1 = x_i$，$p_T = x_j$，且 p_{t+1} 由 p_t 密度直达，则称 x_j 由 x_i 密度可达，也就是说，密度可达满足传递性。

(5)密度相连：对于 x_i 与 x_j，如果存在核心对象样本 x_k，使得 x_i 与 x_j 均由 x_k 密度可达，则称 x_i 与 x_j 密度相连。

DBSCAN 算法的步骤如下：任选一个未被访问（unvisited）的点，找出与其距离在 ϵ 之内（包括 ϵ）的所有附近点，如果附近点的数量大于或等于 MinPts，则当前点与其附近点形成一个簇，并且出发点被标记为"已访问"（visited）。然后递归，以相同的方法处理簇内所有未被标记为"已访问"（visited）的点，从而对簇进行扩展。如果附近的点的数量小于 MinPts，则该点暂时被标记为噪声点。如果簇充分地被扩展，集簇内所有地点被标记为"已访问"，然后用同样的算法去处理未被访问的点。其伪代码如算法 3.4 所示。

算法 3.4　DBSCAN 算法

输入：样本集 $D = (x_1，x_2，\cdots，x_n)$，邻域参数（ϵ，MinPts），样本距离度量方式
输出：簇划分 C
DBSCAN(D，ϵ，MinPts)

1	初始化簇的个数 k=0，未访问样本集合为 D，簇划分和核心对象为空
2	foreach unvisted point p in D do
3	将 p 标记为已访问；
4	N=getNeighbours(p，ϵ) //获取 p 的 ϵ-邻域子样本集
5	if sizeOf(N)<MinPts then
6	将 p 标记为噪声点
7	else
8	C=next cluster //建立新簇
9	ExpandCluster(p，N，C，ϵ，MinPts) //对簇进行充分扩展
10	return C

基于网格的空间聚类方法采用了一个多分辨率的网格数据结构。该类方法首先将数据空间划分为有限个单元的网格结构，所有的处理都是以单个单元为对象。这样处理的一个突出优点是处理速度较快，通常与目标数据库中记录的个数无关，只与把数据空间分为多少个单元有关。

基于模型的空间聚类方法包括基于统计的空间聚类方法和基于神经网络的空间聚类方法等，一般是给每一个聚类假定一个模型，然后寻找能够很好地满足这个模型的数据集。

3.1.4 空间回归分析

空间数据具有三大独特性质：空间自相关性、空间异质性和可变面元问题，空间数据的这三个特性有别于统计学的"独立同分布假设"。空间自相关性是指变量通过空间邻近与自己相关，这意味着样本数据是非独立的；空间异质性意味着样本数据是非均质的；可变面元问题表示属性随空间的不同划分而变化。

因为在空间上相邻的地理单元可能存在空间依赖，所以在构建空间回归模型探究地理要素间的关联时，空间相邻是要考虑的重要信息因素。根据自变量与因变量之间的空间相关性，空间回归模型的一般形式为(沃德，迈，克里斯蒂安·格里蒂奇，2012)：

$$Y = \rho W_1 Y + X\beta + \varepsilon, \ \varepsilon = \lambda W_2 + \mu, \ \mu \sim N[0, \sigma^2 I] \qquad (3.7)$$

式中，Y 是因变量；X 是解释变量；β 为解释变量的空间回归系数；μ 为随机空间变化的误差项；W_1 为反映因变量自身空间趋势的空间权重矩阵；W_2 为反映残差空间趋势的空间权重矩阵，通常根据邻接矩阵或者距离函数关系确定空间权重矩阵；ρ 为空间滞后项的系数，其值为 0 到 1，越接近于 1，说明相邻地区的因变量取值越相似；λ 为空间误差系数，其值为 0 到 1，越接近于 1，说明相邻地区的解释变量取值越相似。

一般形式的空间自回归模型可以派生出以下几种模型：

(1) 当 $\rho = 0$，$\lambda = 0$ 时，模型为普通线性回归模型，表明模型中没有空间自相关的影响。

(2) 当 $\rho \neq 0$，$\beta = \lambda = 0$ 时，为一阶空间自回归模型 SAR(1)，其公式为：

$$Y = \rho W_1 Y + \varepsilon, \ \varepsilon \sim N[0, \sigma^2 I] \qquad (3.8)$$

这个模型类似于时间序列中的一阶自回归模型，反映了变量在空间上的相关特征，即所研究区域的因变量受到相邻区域因变量的影响。

(3) 当 $\rho \neq 0$，$\beta \neq 0$，$\lambda = 0$ 时，为空间滞后模型(SLM)，其公式为：

$$Y = \rho W_1 Y + X\beta + \mu, \quad \mu \sim N[0, \sigma^2 I] \tag{3.9}$$

在这个模型中，所研究区域的因变量不仅与本区域的解释变量，还与相邻区域的因变量有关。模型中滞后变量系数 ρ 表明相邻空间对象之间存在扩散或者溢出等空间相互作用，其大小反映了空间扩散或溢出的程度。

(4) 当 $\rho = 0$，$\beta \neq 0$，$\lambda \neq 0$ 时，为空间误差模型(SEM)，其公式为：

$$Y = X\beta + \varepsilon, \quad \varepsilon = \lambda W_2 + \mu, \quad \mu \sim N[0, \sigma^2 I] \tag{3.10}$$

反映所研究区域的因变量不仅与本区域的解释变量有关，还与相邻区域的因变量和解释变量有关。

(5) 当 $\rho \neq 0$，$\beta \neq 0$，$\lambda \neq 0$ 时，为空间杜宾模型(SDM)。在 SDM 模型中，不仅相邻研究区域间的因变量存在空间自相关性，而且相邻区域间的同一种解释变量也存在空间自相关性。

地理加权回归模型(GWR)扩展了线性回归模型，其回归系数 β 不再是全局性的统一单值，而是随空间位置 i 变化的 β_i，从而可以反映解释变量对被解释变量的影响随空间位置的变化。地理加权回归的实质是局部加权最小二乘法，其中的权为待估点所在的地理空间位置到其他各观测点的地理空间位置之间的距离函数。这些在各地理空间位置上估计的参数值描述了参数随所研究的地理空间位置变化的情况，用以探索空间数据的非平稳性。GWR 数学模型形式如下(Fotheringham, et al., 2000; Fotheringham, et al., 1996)：

$$y_i = a_0(u_i, v_i) + \sum_{k=1}^{m} a_k(u_i, v_i) x_{ik} + \epsilon_i \tag{3.11}$$

式中，y_i 为第 i 点的因变量；x_{ik} 为第 k 个自变量在第 i 点的值，k 为自变量记数；i 为样本点记数；ϵ_i 为残差；(u_i, v_i) 为第 i 个样本点的空间坐标；$a_k(u_i, v_i)$ 为连续函数 $a_k(u, v)$ 在 i 的值。如果 $a_k(u_i, v_i)$ 在空间保持不变，则 GWR 退化为全局模型。GWR 的估计值如下：

$$a(u_i, v_i) = (X^T W(u_i, v_i) X)^{-1} X^T W(u_i, v_i) y \tag{3.12}$$

式中，$W(u_i, v_i)$ 为距离权重矩阵，是一个对角矩阵，对角线元素为 $(W_{i1}, W_{i2}, \cdots, W_{in})$，非对角线元素为零，$n$ 为样本量，W_{ij} 为第 j 点对第 i 点的影响。

3.1.5 应用案例：台风灾害影响

台风在西北太平洋形成和发展后，逐渐向大陆移动，在台风的强风和低气压的双重作用下，海水向海岸猛烈增长，潮位高涨，大片的海浪不断地向海岸扑去。台风的强度越大，移动速度越快，其所产生的风暴潮增水就越大，产生的危害也越大，通常强台风的风暴增水会使沿海地区的水位上涨 5~6m。如果持续风速超过 63km/h，热带低气压将升级为热带风暴。如果风暴进一步加剧并达到 89km/h 的持续风速，那么它将被归类为强热带风暴。一旦最大持续风速达到 119km/h 的风速，将把该热带气旋指定为台风。根据国家标准《热带气旋等级》（GB/T 19201—2006）划分台风登陆强度为 6 个等级，分别是超强台风、强台风、台风、强热带风暴、热带风暴与热带低压。

西太平洋最活跃的台风季节是在 1964 年，当时有 39 个热带风暴形成。自可靠的记录开始以来，只有 15 个季节出现了 30 次或更多的风暴。2010 年西北太平洋的台风活动最少，只有 14 次热带风暴和 7 次台风形成。台风持续风速最高的是 2013 年 11 月 8 日登陆菲律宾中部的"海燕"台风，风速为每小时 314 公里。

台风会携带大量含有水汽的云团，台风登陆后，水汽含量降低，导致台风的能量减少，但即将消散的台风中依然夹带着水汽，会引起严重的水灾。在台风靠近陆地并登陆时，大多数热带气旋形成的汹涌海浪会导致人死亡，原因有以下三个方面：①台风引发的大风逼近海岸时，会使得海岸的水位高于正常潮汐水位；②台风引发风暴潮，海水的沿岸流动导致海平面快速上涨，海水在风眼下的低气压带堆积；③抬升海面上方出现台风引发的大浪。

20 世纪最致命的台风是"尼娜"台风，1975 年中国因一场台风引起的洪水导致 12 座水库发生故障，造成近 10 万人死亡。台风风暴潮带来的狂风巨浪会导致海岸决堤、海水倒灌、淹没房屋良田和各类建筑设施、土地盐碱化等，造成大批人员伤亡和财产损失。因此，当台风风暴潮来临时，政府相关部门应该加固和修造海岸，提高广大群众的防灾减灾意识，制定应急救援方案，及时疏散处于危险地带的人群，尽量将人员伤亡和经济损失减至最低。

台风时空演变是指台风形成后在时间和空间上的变化规律，台风路径是台风时空演变最典型的表现形式。台风路径是指台风形成后的运行路径，每一个路径点记录了台风当前的地理位置、中心气压、移动方向、移动速度和各级风圈大小等关键信息。研究台风路径有助于人们提前防备台风，从而达到防灾减灾，降低经济损失和减少人员伤亡等目的。

图 3.1 是对 1949 年至 2018 年共计 1758 条台风的台风轨迹，其中 611 条为登陆我国的台风轨迹。台风路径遵循三个方向：①偏西路径，一般的西向路径影响菲律宾、我国南部（含台湾）、越南，对我国影响较大；②西北路径，呈抛物线反曲轨道，风暴反复影响菲律宾东部、我国东部（含台湾）、韩国、

日本和俄罗斯远东地区，也称为登陆路径；③转向路径，这是一条向北的轨道。从原点来看，风暴沿着北方方向，只影响一些小岛屿，这条路径对我国的影响较小。不同季节呈现不同的台风路径，夏季的台风多以西北路径和转向路径为主，春秋季则盛行偏西路径和转向路径。

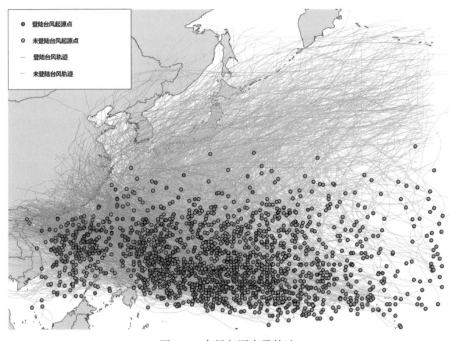

图 3.1　台风起源点及轨迹

2018 年，台风"山竹"登陆我国，根据中国气象局及中国天气台风网显示，广东中南部和大部分海岸，广西中东部、福建东部和南部都遭遇阵风影响，9月 16 日白天和夜晚有 8～11 级。广东珠江口和中部沿海地区、香港、澳门、广西玉林等地有 12～13 级，局地 14～16 级，最大惠州沱泞列岛 62.8m/s（17级以上）。9 月 16 日至 18 日广东南部、中国香港、中国澳门、海南岛、广西大部、湖南西部、贵州、重庆南部、云南东部和西南部等地有大到暴雨，其中，广东西南部、广西东部和北部、贵州南部等地的部分地区有大暴雨（100～160mm）。在中国台湾东部的一些地区，综合降雨量 300～650mm，而在平东的一些地区，超过 1500mm。同时，根据国家海洋预报台发布，9 月 16 日下午到晚上，广东惠州和阳江之间的一些沿海地区风暴潮达 1～2m，在珠江口周围的地方，达 2～3.4m。

根据美国国家海洋和大气管理局(NOAA)全球气象数据,将本次台风过境期间(9 月 16—17 日)广东省 38 个气象站监测到的 24h 内最大降雨量进行反距离加权插值,参考中央气象局降水划分等级标准,对其进行分级设色,如图3.2 所示,广东省大部分地区发生暴雨天气,西南部的阳江市 24h 内降水总量超过 250mm,属于特大暴雨降水,阳江市是台风"山竹"正面袭击的地点,是整个台风过程中受影响最为严重的区域,遭遇了 1981 年以来最为严重的洪涝灾害。

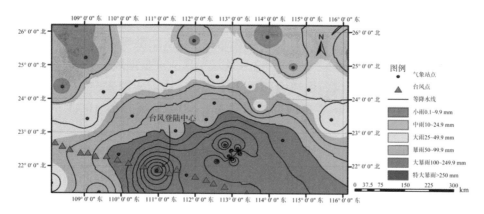

图 3.2　台风过境期间 24h 最大降水插值图

在广东、广西、江苏、浙江和福建 5 省的 89 条中小型河流中,暴雨使多条河流警戒线以上水位上升 0.01 ~ 3.39m;超过太湖附近和杭嘉湖地区 9 个站点的保证水位。广东的莫阳河遭受了过去 30 年来最严重的洪水袭击。在广东沿海,有 24 个潮汐观测站点,报警线以上 0.09 ~ 1.78m 处有潮汐。其中,珠海白窖、广州中大、东莞大生、中山恒门等 12 个地点,均创历史新高,报警线以上 0.04 ~ 0.56m(刘佳、陈元昭、江崟,2019)。

台风"山竹"给其境地区带来了巨大的影响,以台风"山竹"的七级风圈作为其影响范围,通过缓冲区分析、叠加分析的方法得出台风"山竹"的影响范围,影响范围总面积为 463.23615km²,叠加人口数据,得出受台风"山竹"影响的总人口数为 2.32 亿人。从图 3.3 中可看出,台风"山竹"在我国的影响区域包括云南、贵州、广西、湖南、海南、中国台湾、广东和中国港澳地区,其中整个广东地区大多受到台风"山竹"的影响,受灾人口高达 1.08 亿人(韩晶,2019)。

台风"山竹"是个广受关注的灾害事件,图 3.4 展示了该事件在不同地

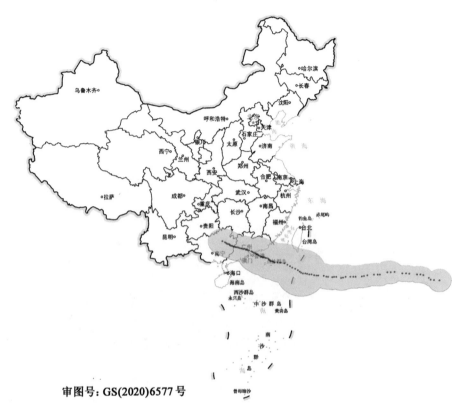

审图号：GS(2020)6577号

图 3.3　台风"山竹"的影响范围

区的互联网讨论热度，从图中可看出，沿海区域的热度一般高于内陆区域，因为沿海区域受台风影响更大；另外，各省份中的省会或者经济较发达的城市讨论热度高于其他城市，因为这些城市人口密集，互联网用户多，信息交流频繁。

3.2　自然灾害的发展趋势分析

同任何事物一样，自然灾害并非静止不动，它会随着时间与空间的不同呈现出差异。通过对自然灾害进行时空分析(致灾因子、孕灾环境、承灾体等)，可以了解自然灾害的长期发展演变趋势或者某个灾害事件的具体变化过程，为应急决策、防灾减灾提供信息和帮助。

审图号: GS(2020)6577 号

图 3.4 台风"山竹"话题讨论分布

3.2.1 自然灾害时空发展研究

1. 致灾因子时空变化

致灾因子是导致灾害发生的直接源头，任何致灾因子都可以通过时间、空间、强度这三个参数进行刻画。时间是指发生时间和持续时间；空间是指其发生位置或作用范围；强度是指危害性的大小，如地震震级、台风风速和暴雨雨量等。

2. 孕灾环境时空变化

本研究的孕灾环境主要指地球表层的自然环境要素，其能够与致灾因子进行耦合扩大致灾因子的危害或者对致灾因子有削减作用，如地势、地貌、河流、湖泊、植被、土地利用等。以暴雨洪涝灾害为例，地势比较低的地方更容易积聚水流形成洪涝，而地势高的区域则不然。这些要素具有不同的时空演变特性，可以根据时间尺度分为长期性、中长期性、中短期性和短期性。其中，地貌、地势、河流、湖泊等的演变属于长期或中长期，即几十年甚至上百年才有显著的变化；土地利用的变化属于中短期，会在 5～10 年间发生显著变化；植被的变化(特别是长势)则属于短期，常常会随季节的不同而呈现出差异(赵思健，2012)。

3. 承灾体时空变化

没有损失就没有灾害，因此，研究自然灾害时，对灾害影响区域内的承灾体关注必不可少。承灾体主要指经济价值和人，而这两者都具备动态性，其空间分布、数量特征等随时空不同而变化。例如，人口分布和数量会随着城镇的扩张而发生变化，建筑物的经济价值会随着社会经济的发展而有所增长等。

4. 防灾减灾能力变化

防灾减灾能力是人类社会用来应对灾害所采取的方针、政策和行动的总称，表示人们应对灾害的能力(刘昌杰，2012)，可以分为工程性措施和非工程性措施。以暴雨内涝为例，排水工程设施是城市抵抗内涝灾害的重要措施，但是不同区域、不同城市的排水工程设施建设程度不同，排水能力自然也就不同，而且随着时间变化其能力也会变化，如因为垃圾等物体沉积的原因，使得排水管网阻塞并导致排水能力下降。

3.2.2　Mann-Kendall 趋势分析法

在分析时间序列的方法中，Mann-Kendall(以下简称 MK 趋势分析法)是一种被广泛采纳的非参数检验方法。该算法最初由 Mann(1945)和 Kendall(1990)两人提出，故此命名。MK 算法的好处在于样本不用满足某一特定的分布条件，从而能够很好地解释序列的变化趋势。MK 算法的一个限定条件是要求时间序列自身具有独立性，即时间序列不存在自相关性。然而实际上，不同地区多年的降水数据往往是存在自相关性的，若不考虑这种情况，会使得最终的结果有误差。因此，在进行 MK 趋势检验之前需要去除时间序列的自相关性。在本研究中，采用张洪波等(2018)的方法对时间序列进行过白化处理，去除其自相关性。

在进行过白化操作之后，可以认为原始序列中的自相关性已经去除，此时可以开始进行 MK 检验，具体步骤如下：

(1)计算统计量 S。假设时间序列 X，用下式计算统计量 S：

$$S = \sum_{i=1}^{n-1} \sum_{j=i+1}^{n} \mathrm{sgn}(x_j - x_i) \tag{3.13}$$

式中，x_j 为时间序列中的第 j 个数据，n 为时间序列的长度，sgn 为符号函数，定义如下：

$$\mathrm{sgn}(\theta) = \begin{cases} 1, & \theta > 0 \\ 0, & \theta = 0 \\ -1, & \theta < 0 \end{cases} \tag{3.14}$$

（2）计算统计量 S 的方差。研究表明，当时间序列长度 $n \geqslant 8$ 时，统计量 S 大致服从正态分布，均值为 0，方差为：

$$\mathrm{Var}(S) = \frac{n(n-1)(2n+5)}{18} \tag{3.15}$$

（3）标准化统计量。

$$Z_c = \begin{cases} \dfrac{S-1}{\sqrt{\mathrm{Var}(S)}}, & S > 0 \\ 0, & S = 0 \\ \dfrac{S-1}{\sqrt{\mathrm{Var}(S)}}, & S < 0 \end{cases} \tag{3.16}$$

在给定置信水平 α 上，如果 $|Z| \geqslant Z_{1-\alpha/2}$，则否定原假设，即在置信水平上，该序列存在明显的上升或下降趋势。

3.2.3 武汉城市圈的降水时空趋势分析

本研究在计算武汉城市圈过去几十年间年度与季节尺度上的平均降水量的基础上，采用 MK 趋势分析法计算了各个站点的降雨趋势，具体如图 3.5 所示。

从图 3.5 中可以看出，武汉城市圈的平均降雨量分布在不同季节以及年际尺度上呈现出大体一致的分布情况，总体趋势是东南部分区域的降水比西北部分的降水偏多。在年际尺度上，武汉城市圈整个区域的年平均降水量可达到 1000mm 以上，降水量最高的地区可以达到 1737.99mm。在该区域内部的 11 个站点中，有 9 个站点经过 MK 趋势检验后呈现出降水量上升的趋势，另外两个站点呈现出下降趋势。具体分析，大部分上升趋势的站点以及两个降水下降趋势的站点趋势并不明显，没有通过 90% 的置信检验。此外，有三个站点有明显的上升趋势。由此分析，根据历年数据，武汉城市圈的年平均降水量整体呈现出上升的趋势，但并不明显。

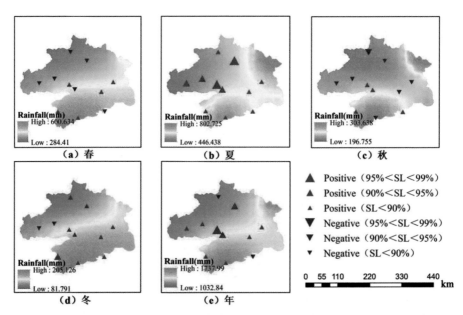

((a)~(e)分别为各季节和年际尺度的降水及趋势，SL代表置信度，底图为平均降水量)

图 3.5　季节与年尺度的降水空间分布及趋势

　　从季节尺度分析，在春季，武汉城市圈平均降水总量可达到 284.41~
600.63mm，且分布与年际尺度降水量分布类似，呈现出东南多，西北少的态
势。在所有站点中，有超过半数的站点显示降水量呈现下降趋势，但是趋势均
不明显。在四个季节中，夏季里该区域的降水量最大，最低有 446.438mm，
最高可达到 802.725mm，且所有站点均呈现出降水量上升的趋势。其中三个
站点通过了 90% 的置信检验，两个站点通过了 95% 置信检验，表明上升趋势
较为明显。这种变化趋势说明武汉城市圈面临着夏季降水进一步增加的情况。
秋季降水相对春夏两季来说较少，最高只达到 303.638mm；在空间分布趋势
上，东南区域以及东北小部分区域相对降水较多，西北区域以及中部地区降水
较少。在趋势上，与春季类似，同样有过半数的站点显示降水有下降趋势，其
中一个站点趋势较为显著。冬季降水量为全年最少，最低到 81.791mm，最高
只达 205.126mm，该数据表明武汉城市圈在一年中冬季相对很少发生降雨，
但是经过 MK 检验，大部分站点呈现出降水量增加的趋势。

3.2.4 应用案例：台风"山竹"时空变化

2018年9月4日，在国际日期变更线以西的海面上形成了一个低压区，9月7日20时命名为"山竹"，并每隔3小时进行一次路径点的记录，记录内容包括时间、空间位置、台风强度、最大风速、中心气压、移动速度、移向、7级风圈、10级风圈、12级风圈等。9月8日上午5时联合台风警报中心将"山竹"升级为热带风暴。9月10日台风"山竹"进入我国南海北部，并发展成为强台风；9月12日台风"山竹"进一步加强，并预测在18时达到峰值强度，一分钟的持续风速为285 km／h。9月13日上午8时，台风"山竹"进入我国48小时警戒线。9月15日，台风"山竹"在菲律宾北部登陆；9月16日17时，台风"山竹"在广东台山海宴镇登陆，台风登陆时中心气压为955hPa，中心最大风速高达45m/s，风力14级，10分钟持续风速为205km/h和1分钟的持续风速为270km/h。9月17日上午，台风"山竹"的强度不断减弱，逐渐降为热带风暴，随后降为热带气压；9月18日，台风"山竹"完全消散。

台风"山竹"在演变过程中，其最大风速与风力等级呈现正相关关系。当台风"山竹"不同阶段的最大风速不断增加时，其风力等级也在不断增加，且基本在同一时刻达到峰值。当台风"山竹"的最大风速开始下降时，其风力等级也开始下降。因此可以得出台风"山竹"的强度越强，最大风速越大，风力等级越高的结论。

台风"山竹"相对湿度的时空演变是取决于台风的垂直运动场，在台风中心半径400km以内的区域范围中呈现的是向上的平均垂直速度，因此在对流层的绝大部分7层中，其相对湿度都超过了70%，如图3.6所示，其中A为15日18时；B为16日0时；C为16日06时；D为16日12时；E为16日18时；F为17日00时；G为17日06时；H为17日12时。

图3.7是2018年9月16日17时台风"山竹"登陆时刻影响区域的地图，图中展示了台风"山竹"的路径点、影响区域内的空间基础数据(部分)以及江门市抗灾体数据、承灾体数据等一部分应急专题数据。

图3.8记录了相对于登陆时刻的5小时后部分应急数据变化情况。为应对台风"山竹"登陆，某市临时新增了若干个紧急避难所，其他应急数据均未发生变化。

图3.9为此时刻的台风"山竹"影响区域地图，图中展示了该时刻影响区域的部分承灾体和抗灾体数据，并且对比两个时刻发现，随着台风运动，影响区域由江门市向茂名市变化。

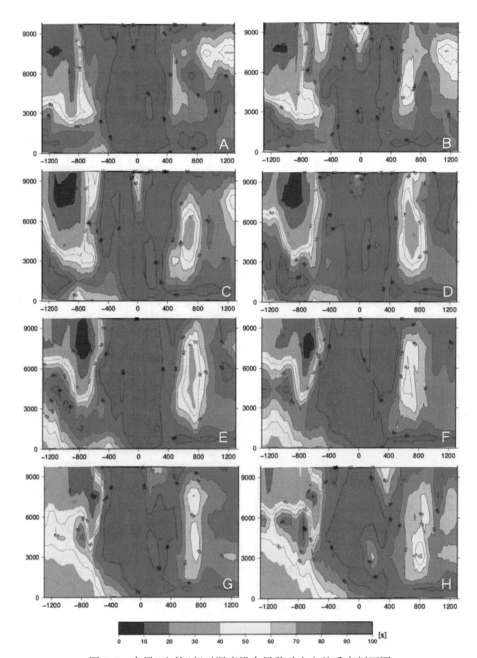

图 3.6　台风"山竹"相对湿度沿台风移动方向的垂直剖面图

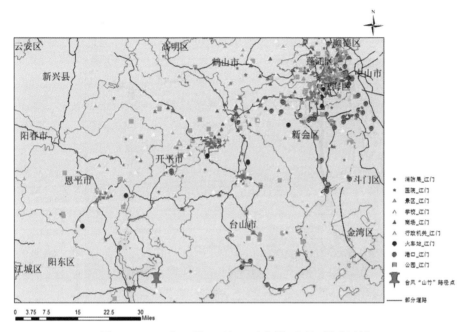

图 3.7　2018 年 9 月 16 日 17 时台风"山竹"影响区域

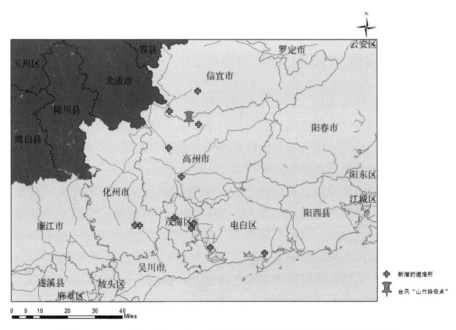

图 3.8　2018 年 9 月 16 日 22 时台风"山竹"影响区域应急数据变化

83

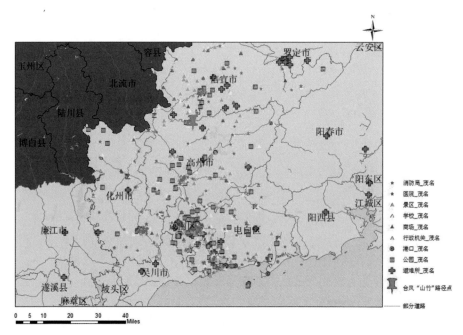

图 3.9　2019 年 9 月 16 日 22 时台风"山竹"影响区域

3.3　基于案例推理的灾情动态研判

自然灾害事件发生后，利用一定的智能化方法快速检索出相似历史案例。以台风这一典型自然灾害为例，利用其时空信息丰富的轨迹数据进行相似性度量研究和实验。从时空轨迹本身的特征出发，根据台风时空轨迹的时空距离与频率特征，判断台风移动路径相似程度。

决策者参照历史经验，快速制定应急处置方案以应对当前发生的突发事件，是一种直接而有效的方法。案例推理(CBR)能够持续、增量式地从过去的经验中提取相关知识，因而常被用作应急辅助决策的有效方法。相较于基于主观经验的相似性匹配，借助历史知识和计算机技术不仅可以加快计算过程，同时还能提高可靠性，在自然灾害应急状态下节省出宝贵的时间，从而最大限度地减少灾害带来的损失(张英菊等，2009)。

3.3.1 时空案例推理

案例推理(CBR)在不同情景、不同领域的决策中得到了广泛的应用。Yu 等(2015)采用基于案例推理(CBR)的方法(结合案例表示和检索)构建电网的风险评估框架,以服务于关键基础设施保护的应急准备。张明媛等提出了一种基于案例推理思想的风险评估方法(Zhang, et al., 2012),张冲等结合案例推理和规则推理,自动生成林火扑救方案(张冲,2010)。陈景构建了基于粗糙集的 CBR 暴雨个例检索系统(陈景,2009)。Chang 等则针对地震后的房屋重建问题构建了两级 CBR 系统(Chang, et al., 2010)。

针对台风这种延续时间长、影响范围大、具有丰富的时空轨迹信息的典型自然灾害,利用台风案例的时空轨迹数据和灾害属性数据,再利用 AHP-GA 和案例属性相似度计算方法,得到最终相似案例匹配结果。由于台风案例属性数据众多,而不同属性的重要程度显然不同。

将遗传算法(GA)与层次分析法(AHP)相结合,通过 GA 对 AHP 的指标权重进行优化,用 AHP 的计算值作为 GA 第一代的权重初始值。因为 AHP 中的一致性指标函数(consistent index function, CIF)的值越趋近于 0,则 AHP 的判断矩阵一致性越高,即 AHP 结果更准确。故而再利用 GA 最小化 CIF,从而得到最终的权值。这就将 AHP 中的一致性检验问题转化为针对特定目标、决策的非线性优化问题,计算公式为:

$$minCIF(n) = \frac{\sum\limits_{i=1}^{n} \left| \sum\limits_{k=1}^{n} (b_{ik}w_k) - nw_k \right|}{n} \tag{3.17}$$

$$\text{s. t.} \begin{cases} w_k > 0, \ k = 1, 2, \cdots, n \\ \sum\limits_{k=1}^{n} w_k = 1 \\ b_{ik} = w_i/w_k \end{cases} \tag{3.18}$$

式中,n 为属性总个数,w_i 为第 i 个属性的权重。

AHP-GA 不仅能够提高 AHP 结果的准确性,加快 GA 收敛速度和提高计算效率,同时也将主观经验和客观计算相结合,使得到的权值计算结果更加可靠。

结合案例事件基本属性与其权重,从时空信息相似的台风案例中进一步匹配属性也相似的案例,从而提高匹配精度。不同类型的案例属性,其相似度计算方法不同。通常,对于确定数属性的相似度,如台风风力,选择常用的最近邻算法，其计算方法为：

$$S(x_i, y_i) = 1 - \frac{|x_i - y_i|}{\max_i - \min_i} \tag{3.19}$$

式中，x_i 为案例 X 的第 i 个属性值，y_i 为案例 Y 的第 i 个属性值，$\max_i$ 和 $\min_i$ 分别为该属性在案例库所有案例里的最大值和最小值。显然，相似度越接近于 1，表明两个案例的同一属性越相似，反之亦然。对于模糊概念属性的相似度，通常将其映射为离散的确定数，再同样用以上公式进行计算。如天气条件，由于天气通常是由晴—阴—雨连贯变化的，它们将分别映射为 0-1-2，从而可以通过数字差值大小体现其相似程度。

案例的合成相似度通常采用加权平均算子对实例各属性之间的相似度进行聚合，如式（3.20）所示：

$$S(X, Y) = \sum_{i=1}^{n} w_i \cdot S(x_i, y_i) \tag{3.20}$$

对案例库中所有台风案例依据相似度进行排序，检索到与目标案例在时空和属性两个维度上最相似的一些台风案例后，它们的社会经济数据能够用来对目标案例进行预测和估计。本研究依据不同的案例数目提出三种方案，并通过实验进行评估。第一种方案直接采用最相似的那一条台风案例并直接采用其结果；第二种、第三种方案分别选择最相似的两条、三条台风，并按照相似度大小分配权重对结果进行估计。

最后，需要将计算出的预估结果与真实数据对比以进行精度评价。评价公式为：

$$\text{Accuracy} = \frac{1}{m} \cdot \sum_{i=1}^{m} \frac{|x_i - x_i'|}{x_i} \tag{3.21}$$

式中，m 为社会经济数据属性总个数，x_i，x_i' 分别为案例 X 社会经济数据第 i 个属性的真实值和预估值。

本书中实验采用福建省 2004—2016 年共计 22 条台风的时空轨迹数据、属性数据、社会经济数据进行分析。其中，时空轨迹数据、属性数据用于台风案例相似性匹配，而社会经济数据用以验证匹配结果的准确性。其他属性数据包括台风的最大风级、最大风力、最小气压、登陆风级、登陆风力、登陆气压、持续时间。同时，考虑到研究的是台风对福建省造成的影响，台风登陆的地点也很重要，登陆地所在省份也被记录为属性数据之一。除此之外，台风发生当年福建省的人口密度也可能会对受灾人口数量产生影响，因而也被纳入考虑。社会经济数据从台风年鉴统计获得，包括台风在福建省造成的受灾人口、受灾面积以及造成的直接经济损失。

先利用距离-频率算法从案例库中检索与目标案例时空相似程度最大的前 10 条台风案例，再通过属性相似度进一步从中筛选出最相似的 3 条台风作为匹配结果。算法伪代码如下：

算法 3.5　时空案例推理

输入：T_1，T_2，$\cdots$，T_n 台风时空轨迹点序列，T_{target} 目标台风时空轨迹点序列，A_1，A_2，，，A_n 台风数据集，A_{target} 目标台风属性数据集

输出：与目标台风最相似的三条台风的序号

STCBR(T，A)

1	for i = 0→n do
2	计算时空轨迹相似性 $Sim(T_i, T_{target})$
3	end for
4	Sort($Sim(T_i, T_{target})$)，相似度最大的前十条台风序号为 s_1，s_2，$\cdots$，s_{10}
5	for each i in s_1，s_2，$\cdots$，s_{10} do
6	计算属性相似性 $Sim(A_i, A_{target})$
7	end for
8	Sort($Sim(A_i, A_{target})$)，相似度最大的前三条台风序号为 r_1，r_2，r_3
9	return r_1，r_2，r_3

以台风 Linfa 为例，利用本小节算法对其进行案例匹配，可得到与之最相似的 3 条台风及其各类属性，台风依次序排列，见表 3.1。

表 3.1　　　　　　　　　　　算法计算结果

台风	Linfa	Meranti	Saola	Kalmaegi
登陆省份	福建	福建	福建	福建
最大风级	11	12	13	12
最大风力 D(m/s)	30	35	40	33
最小气压(hPa)	980	970	960	975
登陆风级	10	12	10	10

续表

台风	Linfa	Meranti	Saola	Kalmaegi
登陆风力 D(m/s)	28	35	25	25
登陆气压(hPa)	980	970	985	985
持续时间(h)	186	174	222	234
人口密度（人/平方千米）	296	298	302	293

台风 Meranti、Saola、Kalmaegi 的台风属性和社会经济属性都很接近目标台风 Linfa。从 Linfa 台风案例的实验结果可以看出，将时空轨迹相似性度量算法引入传统 CBR 方法中，能够有效填补时空维度信息被忽略的空缺，充分、综合考虑案例的时空特性和属性信息，相较于普通 CBR 能更准确地匹配台风案例对，从而为后续案例推理服务。

针对传统 CBR 忽略了案例时空特征的问题，利用时空轨迹相似性度量方法，并结合台风案例的时空轨迹数据和灾害属性数据进行实验。该方法在衡量时空相似性的基础上，再利用 AHP-GA 和案例属性相似度计算方法，综合考虑案例的时空信息和属性数据，实现相似案例的匹配，能够服务于灾后社会经济损失的相关预测。

3.3.2 时空轨迹特征

基于 Dodge 等提出的利用轨迹幅度与频率特征检索相似轨迹的方法，在依据台风轨迹距离的传统相似性度量方法上，引入轨迹的频率特征，从两个角度综合衡量轨迹曲线的运动特性。选取曲线间的 IMHD-ST 距离和曲线弯曲度两种指标，分别描述台风轨迹时空位置和路径形状上的相似程度，即时空轨迹的距离特征和频率特征。

IMHD-ST 算法是 Shao 等(Shao and Gu，2010)提出的一种基于插值的改进 Hausdoff 距离算法，多用于三维时空轨迹匹配。IMHD-ST 将移动物体的时空轨迹看作是连续的点集，而不是离散点。因此，IMHD-ST 采用插值算法，将轨迹之间的距离定义为连续点集及其在另一轨迹上对应内插点之间最短距离的加权和，从而可以避免不同尺度单位和轨迹点采样率的干扰，如图 3.10 所示。

两条轨迹之间基于 IMHD-ST 的距离计算方法见公式(3.22)和(3.23)，每一个点对之间的距离都基于其相邻子轨迹的平均长度被赋予相应的权重，以避免由子轨迹长度差异和分段不同造成的影响。l_A 是整条轨迹的总长度，用以归

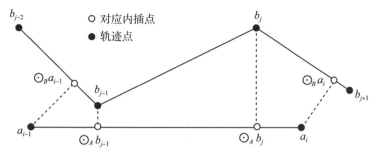

图 3.10　IMHD 内插点算法示意图

一化计算结果值，使轨迹之间的差异与轨迹长度无关。

$$h_{\text{spatial}}(A, B) = \frac{1}{|l_A|} \sum_{a_i \in A} \left[\frac{d(a_{i-1} - a_i) + d(a_i - a_{i+1})}{2} \times \min_{b_j \in B}(a_i - b_j) \right]$$

(3.22)

$$H_{\text{spatial}}(A, B) = \max(h_{\text{spatial}}(A, B), h_{\text{spatial}}(B, A))$$

(3.23)

经 Shao 等(Shao, Gu, 2010)实验证明，IMHD-ST 在有效性、准确性、稳健性方面都明显优于现有的 HD 和 TFCTMO 方法，适用于计算三维移动物体之间的轨迹相似性。

点 p 的弯曲度被定义为以该点为中心沿着曲线的前后 k 个点之间距离之和与相应首尾连接直线长度的比率，k 值被称为滞后参数。p 处的最终弯曲度计算结果见公式(3.24)和式(3.25)。当 $k = 1$ 时，计算曲线上每个点的弯曲度的方法如图 3.11 所示。如果前后轨迹点关于给定点 p 共线，其弯曲度等于1；对于空间填充曲线，弯曲度则趋近于正无穷。

$$\text{Sinuosity}_{p,k} = \frac{\sum\limits_{i=p-k}^{i=p+k-1} (d_{i,i+1})}{d_{p-k,p+k}}$$

(3.24)

$$\text{Sinuosity}_p = \frac{\sum\limits_{j=1}^{j=k} \text{sinuosity}_{p,j}}{|k|}$$

(3.25)

滞后参数 k 的值取决于时间粒度、空间尺度以及噪声水平。例如，对于时间粒度为几小时且噪声很小的大尺度台风数据，k 值可设为 1。而对于更微观程度的数据，k 可以选取更大的值以减少噪声的不利影响。

将轨迹之间的时空距离与弯曲度差异相结合，从距离特征和频率特征两个

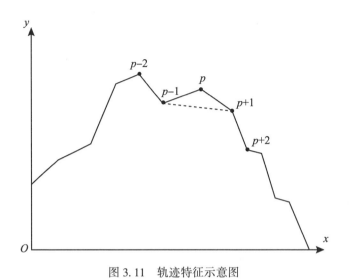

图 3.11　轨迹特征示意图

角度对台风轨迹进行描述，从而能有效地提取时空轨迹关键信息，以更好地应用于时空轨迹相似性评估。

3.3.3　基于时空轨迹特征的相似性度量

利用第 3.3.2 节算法与现有的 CPD、SPD、DTW、Frechet、EDR 时空轨迹距离度量方法分别对以上台风轨迹进行时空相似性评估，并对评估结果进行比较。考虑到台风数据的时间粒度和空间尺度较大，算法中滞后参数 k 设为 1。

CPD 是两条轨迹之间两点的最近距离，而 SPD 是两条轨迹上每个点对的平均距离。DTW 动态时间规整距离是语音识别中出现较早、较为经典的一种算法，它基于动态规划（DP）的思想，通过局部优化的方法实现加权距离总和最小，能够解决使用传统的欧几里得距离无法有效地求得两个时间序列之间的距离（相似性）的问题。Frechet 为"狗绳距离"，即主人走路径 A，狗走路径 B，各自走完这两条路径过程中所需要的最短狗绳长度。EDR 距离是编辑距离，指的是在两个单词<w1，w2>之间，由其中一个单词 w1 转换为另一个单词 w2 所需的最少单字符编辑操作次数，包括插入、删除和替换。

算法考虑了台风时空轨迹的距离和频率特征，在实验中需要不断调整两个特征的相对重要性并分配权重。具体实现的算法伪代码如算法 3.6：

算法 3.6　时空轨迹相似性度量

输入：T_i，T_j 台风时空轨迹点序列

输出：相似性 $Sim(T_i, T_j)$

COMPUTESIMLARITY(T_i, T_j)

1	$I = T_i$ 轨迹点个数 -1
2	$J = T_j$ 轨迹点个数 -1
3	$fd = T_i$ 每一个点到 T_j 轨迹线段的加权距离之和/T_i 轨迹线段的总长度
4	$bd = T_j$ 每一个点到 T_i 轨迹线段的加权距离之和/T_j 轨迹线段的总长度
5	$posSim(T_i, T_j) = fd$，bd 的最大值
6	$f_i = p = \sum\limits_{n=2}^{I} Sinuosity/(I-1)$
7	$f_j = p = \sum\limits_{n=2}^{J} Sinuosity/(J-1)$
8	$freSim(T_i, T_j) = abs(f_i - f_j)$
9	$Sim(T_i, T_j) = 0.8 * posSim(T_i, T_j) + 0.2 * freSim(T_i, T_j)$
10	return $Sim(T_i, T_j)$

轨迹相似性度量实验选取了 7 个典型台风的不等长轨迹数据用于相似性评估。台风数据基本信息见表 3.2，台风轨迹的平均轨迹点个数为 52。

表 3.2　　　　　　　　　　台风数据基本信息表

名称	编号	最大强度	最大风力（m/s）	最低气压（hPa）	轨迹点数（个）
"桑美"	0608	超强	60	915	28
"海葵"	1211	强	48	945	32
"尤特"	1311	超强	60	925	39
"天兔"	1319	超强	60	915	28
"妮妲"	1604	强	42	960	68
"莫兰蒂"	1614	超强	75	890	85
"天鸽"	1713	强	58	925	84

五种时空轨迹距离度量方法得到的相似性度量结果如图 3.12 所示，其中，w_1 为空间距离所占权重，w_2 为频率差异所占权重。最相似的轨迹对用黑色实线标出，其余轨迹用灰色实线表示。显然，CPD 和 EDR 方法计算得到的结果并不准确，其最相似轨迹对不论是时空位置还是轨迹形状都差异很大。当 $w_1 =$ 0.8，$w_2 = 0.2$ 时，得到的最相似轨迹对和 SPD、DTW、Frechet 算法相同，结果准确。$w_1 = 0.6$，$w_2 = 0.4$ 时，得到的两条最匹配轨迹对在形状上更为相似，同时保证了轨迹时空距离仍较小。当 $w_1 < w_2$ 时，频率特征所占权重过高，不符合现实情况。

3.3.4　台风灾害动态研判

由于台风灾害的持续周期较长，台风的时空轨迹和各类其他属性同样也具有一个较长的收集过程。传统的台风案例分析大多着眼于灾后阶段，将所有的灾害结果数据进行完整的整理和分析，而忽视了台风数据动态收集这一相对漫长的过程，因而不能够全面掌握台风发生期间灾害发展态势，不利于相关部门对自然灾害进行实时分析研判和及时应对响应。

本小节基于台风的动态模拟数据，针对台风自然灾害实时数据的特点，利用预测更新算法对台风自然灾害的动态灾情研判进行实验和讨论。在台风实时监测过程中，不断有新的实时数据被收集，因而如何选择合适的更新算法，结合之前的计算结果，不断地将新的数据纳入考虑得到新结果成为台风灾害动态研判的关键问题。

目前，人们对动态风险分析技术的研究，主要是探讨更新算法。用预测更新方法进行动态风险分析，是最常用的思路。常用的预测方法被分为定量方法和定性方法两大类。在没有可供使用的历史数据时，一般采用定性的预测方法，如 Delphi 法、专家推断、交叉概率法、模糊推理法等。当拥有足够多的可用数据时，一般采用定量的预测方法，如非线性外推法和时间序列预测法等。时间序列预测法就是通过编制和分析时间序列，根据时间序列所反映出来的发展过程、方向和趋势，进行类推或延伸。根据资料分析方法的不同，又可分为自回归模型、简单序时平均数法、加权序时平均数法、移动平均法、加权移动平均法、趋势预测法、指数平滑法、非平稳时序模型、非线性时序模型等。

本研究采用加权移动平均法进行实验。加权移动平均法是对观察值分别给予不同的权数，按不同权数求得移动平均值，并以最后的移动平均值为基础，

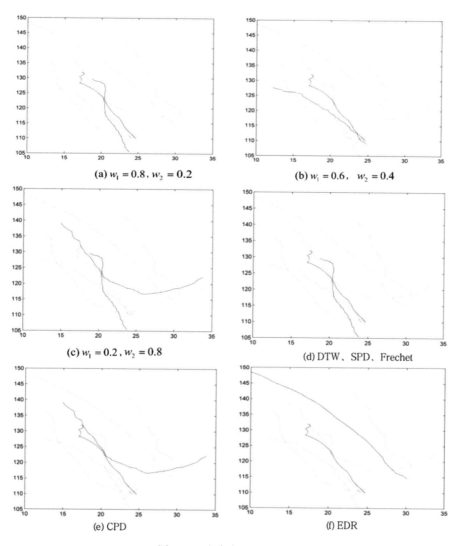

图 3.12 相似轨迹计算结果

确定预测值的方法。采用加权移动平均法，是因为观察期的近期观察值对预测值有较大影响，它更能反映近期变化的趋势。所以，对于接近预测期的观察值给予较大权数值，对于距离预测期较远的观察值则相应给予较小的权数值，以不同的权数值调节各观察值对预测值所起的作用，使预测值能够更近似地反映未来的发展趋势，从而弥补简单移动平均法的不足。基本公式如下：

$$
\begin{cases}
Y_{n+1} = \sum_{i=n-k+1}^{n+1} Y_i \cdot X_i \\
\sum_{i=1}^{n} X_i = 1
\end{cases}
\tag{3.26}
$$

式中，Y_i 为第 i 个点的实际值，X_i 为第 i 期的权值，n 为本期数，k 为移动跨期。根据文献和专家的建议，将 k 设置为 5，权值分别设置为 0.4、0.3、0.15、0.1、0.05。

相似法的基本观点指出，相似的台风移动路径在一定程度上反映了影响台风轨迹的外在因素相似性，因此用前期路径相似的台风样本可预测台风未来的动向。实验选取 0608"桑美"，1319"天兔"两次台风为例，计算其前期轨迹数据与其他台风案例数据的时空轨迹相似度，将利用算法得到的与其最相似的三条台风轨迹依据相似度大小分配权重，并基于预测更新算法进行移动轨迹预测，模拟实时预测。算法实现伪代码如算法 3.7：

算法 3.7　加权移动平均预测更新算法

输入：T 台风时空轨迹点序列，包含 n 个轨迹点

输出：Y 预测更新时空轨迹点序列

UPDATE（T）

1	Initialize Y = T
2	for i = 0→n−5 do
3	更新预测点 $Y_{i+5} = 0.4 * T_i + 0.3 * T_{i+1} + 0.15 * T_{i+2} + 0.1 * T_{i+3} + 0.05 * T_{i+4}$
4	end for
5	return Y

预测结果（虚线）及真实轨迹（实线）对比情况如图 3.13 所示。可以看到，算法得到的预测结果与台风轨迹真实移动方向大致相似，表明通过匹配相似台风轨迹对，借助预测更新算法能够有效预测台风未来可能的移动路径和影响范围。

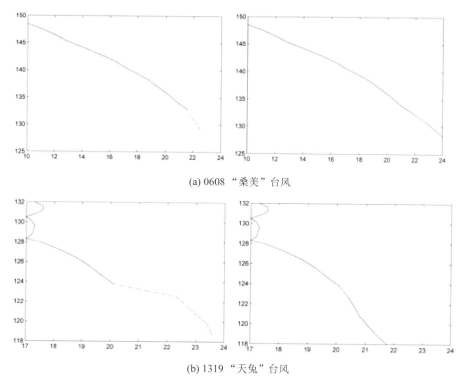

(a) 0608 "桑美" 台风

(b) 1319 "天兔" 台风

图 3.13 预测轨迹与实际轨迹对比示意图

3.4 自然灾害的风险评估

3.4.1 风险评估理论

自然灾害风险评估是对可能发生的自然灾害的影响因子强度及对潜在受灾对象的影响程度进行评估。自然灾害风险评估起源于国外，1933 年，美国成立的田纳西河流域管理局对当地的洪灾风险进行了分析及相关理论探讨，开创了自然灾害风险评价的先河，并引发其他各国纷纷效仿。之后，受灾害影响区域的社会经济属性得到重视，有关自然灾害风险评估研究不断深入。伴随着研究的深入，对风险的定义出现了不同的理解和表达。Maskrey(1989)认为自然灾害风险是自然灾害造成的损失总和，提出用危险性与脆弱性的代数和来表达。1991 年，联合国在"国际减灾十年(IDNDR)"提出灾害风险是危险性和脆弱性的乘积，被诸多研究者认可。而后，Smith(1996)认为风险是灾害发生概率与灾害期望损失的乘积的表达式。

21 世纪初,三个国际计划第一次提出了全球尺度及地区尺度的综合性的灾害风险评价体系。这三个计划分别是美国哥伦比亚大学和 Pro Vention 联盟共同完成的"自然灾害风险热点计划(Disaster Risk Hotspots)",美国哥伦比亚大学、拉美经委会及泛美开发银行合作的"美洲计划(American Programme)"和 2004 年联合国开发计划署(UNDP)与联合国环境规划署(UNEP)联合建立的灾害风险指标计划(DRI)。这三项国际计划共同提出了灾害风险的主要构成要素为灾害发生的频率和强度、灾害的暴露性要素以及暴露性要素的脆弱性这一基本理论,标志着如今国际上的灾害风险评价研究正在逐步趋于标准化和模型化。

我国自然灾害风险评估研究起步于 20 世纪 50 年代,主要关注的是地震和水旱等灾害。20 世纪 80 年代后,我国开始重视自然灾害风险评估,并开展深入探索。国内研究者多选用致灾因子危险性、孕灾环境敏感性以及承灾体脆弱性构建区域灾害系统的灾害风险评价指标体系。如史培军等(2009)认为区域灾害系统由致灾因子、致灾环境和承灾体三者彼此作用构成。之后,随着认识的加深,在此基础上,防灾减灾能力逐渐被加入到风险评估考虑要素中。

在实际进行风险评估的时候,针对不同的灾种,研究者们基于对风险意义和构成的独特理解,以及不同的灾害种类及受灾环境,选择的风险评估模型也各不相同。其中,"风险=危险=f(危险性,脆弱性)"和"风险=f(致灾因子危险性,孕灾环境敏感性,承灾体脆弱性,防灾减灾能力)"等模式比较多,而且对于因子的定量关系,不同研究人员有不同的认识,有无量纲的权重相加的关系,也有采用相乘的方法。

本小节以台风灾害为例来介绍自然灾害风险评估的过程。基于自然灾害风险形成理论(黄崇福,2005)和构建的台风灾害系统,是从危险性、暴露性、脆弱性和防灾减灾能力出发,采用指数风险评估模型来评估台风灾害风险的。计算公式为(Zhang, et al., 2017;张继权,等,2006;张继权,李宁,2007):

$$Risk = VH^{wh} \cdot VE^{we} \cdot VS^{ws} \cdot (1 - VR)^{wr} \tag{3.27}$$

式中,Risk 为台风灾害风险指数,用于表示台风灾害风险程度,其值越大,则台风灾害风险程度越大;VH 为致灾因子危险性,表示台风灾害的危险程度,其是风速与降雨综合作用的结果;VE 为承灾体暴露性,是指研究区范围内所暴露的人员、建筑物等由于台风灾害发生所造成的影响;VS 为承灾体脆弱性,其分为社会脆弱性与自然脆弱性,社会脆弱性是指研究区域人类社会经济系统在受台风灾害影响前的一种状态,自然脆弱性作为受灾后的一种结果,反映了承灾个体(或者系统)面临一定强度自然灾害时的损失程度,是承灾体与自然灾害之间相互作用的结果；VR 为防灾减灾能力，是指研究区域预防应对台风灾害和灾后恢复的能力，VR 的值越大，防灾能力越强，台风灾害的风险可能越小；wh，we，ws，wr 分别为 VH、VE、VS、VR 的权重，可采用层次分析法(AHP)来确定。

VH、VE、VS、VR 的值是综合考虑它们各自选取的各指标对自身的影响程度，采用加权综合评估的方式计算得到，其计算公式为：

$$V(H，E，S，R) = \sum_{i=1}^{n} W_i \cdot D_i \tag{3.28}$$

式中，W_i 为各评价指标因子的权重，该权重采用层次分析法(AHP)与主成分分析法(PCA)结合获取，D_i 为各指标 i 对应的归一化值。

AHP 定权充满人的主观判断，主成分分析(PCA)定权在于能够避免指标之间的信息重叠，排除了人的主观因素的影响，将这两种方法结合使用，可以将人的主观因素与数据本身信息结合，因而使评价结果更为客观。

3.4.2 应用案例：基于台风起源点的灾害风险评估

影响中国的台风主要起源于西北太平洋，由于西北太平洋内不同区域的温度及湿度、气压等气候条件不同，造成不同区域产生的台风数量与强度不同，则起源于不同区域的台风对中国各省造成的风险状况也不同。利用聚类算法对台风起源点进行分析，将西北太平洋分为 4 片区域，分析选取其中两片作为重点关注区域，并评估台风对中国各省造成的风险。

聚类分析是根据相似性对数据集进行分组的过程。对台风数据进行聚类分析能了解生成于不同区域的台风对中国各省的影响，但台风数据不同于其他数据，其具有空间属性(起源点位置)、非空间属性(过程最大强度)、分类属性(是否登陆)、时间属性(生成时间)。

接下来，要实现对包含台风起源点、台风过程最大风速、台风是否登陆这三类数据的聚类。从图 3.14 中明显看出台风起源点在空间上存在集聚模式，登陆台风起源点被非登陆台风起源点包围，具有明显的地域特征，登陆台风轨迹越靠近中国越密集。

从台风路径数据中可提取每场台风起源点位置信息、是否登陆信息、过程最大风速信息，对这些数据应用 DBSCAN 聚类算法进行聚类。聚类参数为(D，Eps1，Eps2，MinPts)，其中 D 表示的是台风数据集信息；EPs1 为空间距离聚类半径，经过实验取 3；Eps2 为过程最大风速距离聚类半径，经试验取 20；MinPts 是同时满足小于或等于 Eps1、Eps2 的至少台风数，取 50。

通过聚类分析，台风生成位置被划分为 4 个区域，如图 3.14 所示。由图可知 A 区域类似于一个四边形，四边形的左上角和右下角对角顶点坐标为 21.5°N、111.6°E 和 8.5°N、122°E，其区域内台风登陆可能性高达 51.57%，数量较多，虽然登陆强度一般，但频繁登陆，台风平均持续时间较短、距离陆地最近。B 区域面积最大，其分布于 4.3°N~22.5°N、122.8°E~150.6°E，生成台风数量最多，登陆可能性为 36.68%，且登陆强度较高，28% 登陆台风为台风以上水平。C、D 两区域台风数量较少，其中 C 区域纬度普遍较高，位于B 区域之上，有 13% 的台风会登陆，强度较低，D 区域位于 B 区域的右边，离中国陆地较远，有 15.25% 的台风登陆，所以可将 A、B 区域作为台风灾害防御的重点监控区域。其余 688 个点为聚类噪声点，它们分散于这些区域周围，在这 688 个台风点中，只有 13.8% 的台风会发展为登陆台风，远小于台风每年登陆中国的频率。

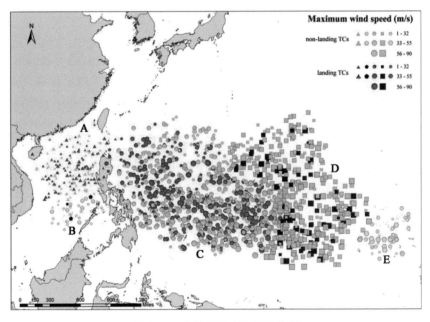

图 3.14　台风起源点的聚类分析

通过数据统计可知，登陆中国的台风主要来自于 A、B 区域，故对 A、B 区域产生的台风对中国各省进行风险指数计算。台风致灾因子是由台风登陆时强降雨与大风决定的，为此，结合登陆的台风特性与中国各省受灾情况特点，选取台风灾害在各省的过程最大降雨量、平均降水量、最大风速和持续时间作为各省的致灾因子。综合考虑了人口、经济、农作物等因素，选取各省每年人口密度、农林牧渔业总产值、人均城市道路面积、农作物播种面积、海水养殖面积、每十万人口高等学校平均在校生数、水路货运量占总货运量比值、水路客运量占总客运量比值等 8 项指标。承灾体脆弱性评估指标最主要是具有计量功能，它能计量当灾害发生时该地区可能造成的各种损失，能公正、合理、客观地评价区域社会以及经济体系受灾害影响的程度。选择每次台风灾害对各省造成的受灾人口、紧急安置人口、死亡人口、倒塌房屋、受灾面积、直接经济损失等 6 项指标作为承灾体脆弱性的评估指标。考虑各省防灾救灾能力及当地经济医疗水平，选择每年各省的人均 GDP、每万人拥有公共交通车辆、每万人拥有卫生技术人员数、社区服务机构数、医疗卫生机构数等 5 项指标评估防灾救灾能力。

首先，分别利用起源于 A 区域和 B 区域的台风对中国各省进行风险评估，起源于不同区域的不同台风对各省份造成不同影响，按所描述的风险评估模型，计算出每年起源于不同区域的每场台风对各省的风险指数；然后，将起源于相同区域的台风对同一省份的风险指数求和取平均，求取来源于各区域台风对省各年的风险指数；最后，使用自然断点法将中国台风灾害风险水平分为五类，包括最高、较高、中、较低、最低等级得到各区域对中国各省的风险，为展现起源于各区域的台风对中国各省风险时空变化趋势，对比得到各省风险变化趋势，最终的风险评估结果 A 区域如图 3.15 所示，B 区域如图 3.16 所示。

图 3.15 结果表明对起源于 A 区域的台风，仅有广东、福建、广西、海南、云南、浙江具有风险，且受灾分险普遍较低，这与起源于 A 区域的台风持续时间短、强度低有很大关系。其中云南与浙江遭受风险最低，广西、福建、海南风险较低，广东省最高，呈现出从两端向中间风险逐渐增加的趋势，这与各省与 A 区域之间的距离有较大关系。

由图 3.16 可知起源于 B 区域的台风对中国中部及东部沿海城市产生风险，其中广西、广东、福建、浙江、海南处于高风险区域，主要是起源于 A 区域的台风大部分会在这些区域登陆；湖南、江西、江苏处于中度风险区域；云南、湖北、安徽、辽宁、上海处于较低风险区域；贵州、河南、湖北、吉林、黑龙江、天津处于低风险区域，呈现出从沿海向内陆逐渐递减的趋势，这与台风向内陆移动的过程中强度减弱，以及西部地势较高有关。较多省份台风风险有增大的趋势，如海南、云南、山东、辽宁、吉林、黑龙江、贵州等风险在变大，但也有相对变小的，如湖南、江西。起源于 B 区域的台风相比 A 区域，

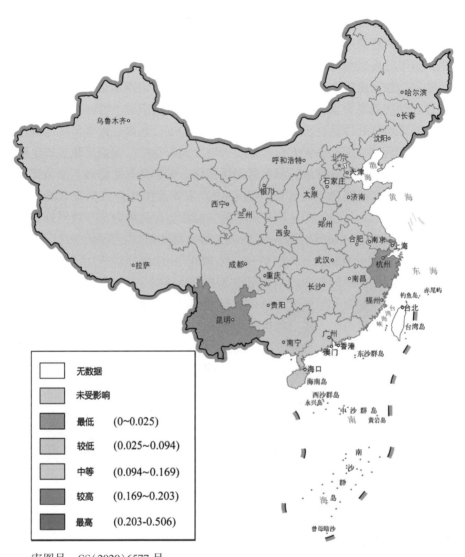

审图号：GS（2020）6577 号

图 3.15　起源于 A 区域的台风风险

其影响范围更广、风险更大，这是由于 B 区域范围更广，该区域形成的台风平均持续时间更长、平均强度更大。A、B 区域对广西、广东、海南、福建、浙江都会产生风险，与这些区域受台风灾害影响次数多有关。

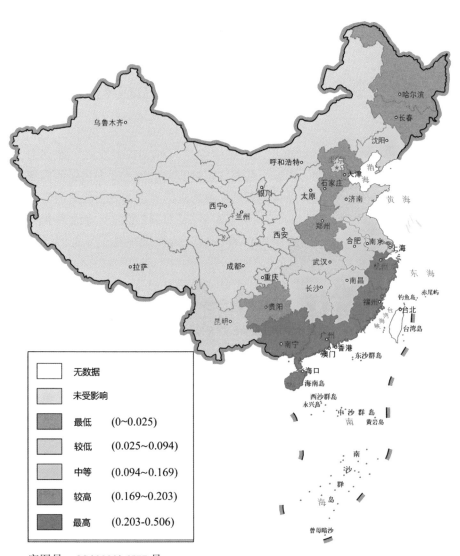

	无数据	
	未受影响	
	最低	(0~0.025)
	较低	(0.025~0.094)
	中等	(0.094~0.169)
	较高	(0.169~0.203)
	最高	(0.203-0.506)

审图号：GS(2020)6577号

图3.16 起源于B区域的台风风险

第4章　自然灾害链的演化过程分析

灾害链(级联灾害)，顾名思义，描述的是一种灾害引发另一种灾害，多种灾害之间存在因果关联的现象。随着灾害链研究的深入，灾害链的内涵得到了扩充。在4.1节，我们首先对灾害链的内涵进行界定，概括研究内容和常用的灾害链分析与建模方法；4.2、4.3节对复杂网络模型的基本原理和灾害演化的动力学原理进行介绍，并将以台风"山竹"为例展示基于复杂网络的灾害动态过程模拟方法。

4.1　灾害链的定义、研究目标与常用模型

4.1.1　定义

灾害链(disaster chain)是20世纪90年代初随着国内灾害科学体系建立而提出的一个概念(郭增建，秦保燕，1987；史培军，1991)，关于灾害链的定义目前还没有明确统一的界定。根据《地球科学大辞典》的定义，灾害链是指原生灾害及其引起的一种或多种次生灾害所形成的灾害系列(地球科学大辞典编辑委员会，2005)。此定义反映了对灾害链的较为经典和直接的认识，即灾害链中多种灾害间存在明确的引发关系，这也是灾害链的一个基本特征。余瀚等(2014)总结了1987—2009年学者(主要是国内学者)从数学、物理学、地理学、系统结构、多灾种分析等不同角度对灾害链的定义，指出这些定义虽各有侧重、存在差异，但对于灾害链如下两点共性的认识是较为一致的：①多灾害间存在诱发关系；②灾害链在时间与空间上存在连续扩展过程而造成灾情的累积放大。基于这两点基本特征，余瀚等将灾害链定义为："在特定空间尺度与时间范围内，受到孕灾环境约束的致灾因子引发一系列致灾因子链，使得承灾体可能受到多种形式的打击，形成灾情累积放大的灾害串发现象"。

在国外，灾害链也被称为级联灾害(cascading disasters)、级联事件(cascading events)、多米诺骨牌效应(demonic effect)或级联效应(cascading effect)。

级联事件是一连串有因果关联的事件，或者由同一触发事件引发的一系列相对独立的事件；级联效应描述的是级联事件中灾害蔓延的动态趋势（Zuccaro, et al., 2018）。级联灾害的内涵既包括自然灾害引发的致灾因子链，也包括关键基础设施系统及其他紧密关联的组织、系统等承灾体中损失的扩散放大效应（Pescaroli and Alexander, 2016; Pescaroli and Alexander, 2018; Pescaroli, et al., 2018）。

灾害是致灾因子、孕灾环境和承灾体综合作用的产物（史培军，2002）。显然，《地球科学大辞典》的定义更接近"致灾因子链"的概念，只反映了灾害链的诱生性和时序性的特征（史培军，等，2014），并不完整；而余瀚等学者对灾害后果进行了补充描述，定义更为准确。综合国内外关于灾害链的定义，在本书中，我们界定灾害链的定义包含两个方面的内涵：①致灾因子链；②致灾因子对孕灾环境、承灾体造成的破坏及其在时空上的扩散放大效应。

4.1.2 研究目标

对于灾害链的研究有三个比较关注的问题：

(1)某一原生事件有可能引发哪些次生事件；

(2)在特定情景下危害最大且最需预防的是哪一条灾害链；

(3)采取怎样的应急处置措施能够断链减灾。

第一个问题是事件链的知识构建问题，已有许多学者对地震灾害链（张卫星，周洪建，2013）、台风灾害链（王静爱等，2012；王然等，2016）、雨雪冰冻灾害链（陈长坤等，2009；李双双等，2015）等自然灾害链进行了研究，分析了具体灾害事件演化及衍生链的特征。第二个问题是事件链的风险计算问题，现阶段事件链的相关研究大多停留在概率模型上，分析事件链中各次生事件发生的可能性，但缺乏危害性评估，无法动态推演各种可能的事件链后果。第三个问题是事件链的应用问题，研究事件链的目的就在于通过适当的应急手段切断链式传播，减少潜在风险。在找到事件链的最大风险路径后分析事件链中各事件的触发因子，通过控制触发因子达到断链减灾的效果，对灾害预防和减灾有重要的意义。

4.1.3 常用模型

灾害链的模型可分为经验模型、智能体模型、经济理论模型、系统动力模型和网络模型五个基本类别，如图4.1所示。

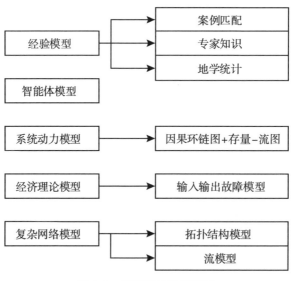

图 4.1　灾害链的常用模型

1. 经验模型

经验地学统计模型通过分析孕灾环境敏感性、承灾体脆弱性与致灾因子危险性的时空特征，选取特征指标进行地学统计分析，评估风险或损失情况。例如，Shi 等（2010）提出了基于致灾因子空间分布重叠情况的灾害链总损失模型；Zuccaro 等（2018）也划定了明确的 MRU（Minimum Reference Unit，最小参考位置单元），对每个 MRU 按照公式 Damage = Hazard * Exposure * Vulnerability 计算可能的动态损失。经验地学统计模型根植于地学统计分析与灾害系统理论，能够体现区域特征，方便进行风险和损失评估，模型各部分参数具有明确的意义，反映了研究者对于灾害链各部分间触发关系以及灾情成因的理解。不足之处在于要求丰富的相关领域的先验知识和专家经验，特征指标的参数化方法没有明确的界定，对多灾害的风险、损失评估采取线性叠加方式的做法也有待深入讨论。

基于历史案例和专家知识的经验概率模型，主要描述初始灾害引发次生灾害的可能性。一般基于历史案例的统计结果，用灾害树（事件树）（Yang et al.，2017；Neri et al.，2008）或关联矩阵（Gill and Malamud，2014；Zuccaro，2018）来表示某灾害引发另一灾害的条件概率。例如，裴江南等提出了基于贝叶斯网络的突发事件链模型，所构建的"台风-暴雨-洪水"事件链网络可通过输入孕灾环境和承灾体的状态参数来预测伤亡、停水、停电的户数（裴江南等，2012）。概率模型可直观地刻画灾害事件间的因果关系和不确定性，目前相关的研究侧重于对致灾因子链的描述，较少探讨孕灾环境、承灾体的影响及其时空条件约束。

2. 智能体模型

智能体模型是将灾害系统分割为多个离散的智能体或元胞，赋予每个个体属性以及个体间或与环境进行交互的规则，通过这种自下而上的方式模拟系统整体的行为与状态（Zhang, et al., 2018），达到模拟灾害动态演化过程的目标。例如，Dai 等提出 HazardCM 模型，此模型模拟了极端水文气象事件下降雨触发的灾害链，并使用智能体模型模拟城市实时人口流动的情况，同时考虑人类和灾害的动态特性，准确计算城市人口在暴雨灾害链下的暴露性和风险（Dai, et al., 2020）。

灾害模拟系统模型方便呈现系统每个单元之间的关系，还可以将决策者和决策行为纳入分析中，推演不同决策带来的结果。但这类模型需要人为地给定系统单元的行为和规则，模拟仿真的质量高度依赖于建模者的认知，需要大量数据支持，并且模型验证起来也较为困难。

3. 系统动力模型

与智能体模型相反，系统动力模型采用自上而下的架构来描述灾害链这一复杂适应性系统（complex adaptive system）之间复杂的相互关联关系（Ouyang，2014）。模型使用因果环链图（causal-loop diagram）或存量-流图（stock-flow）（见图4.2）来描述系统各部分之间的相互关系和信息、物质的流动。改变系统一个部分的状态变量值，就可以通过这两个图来推理其他部分的变化情况（Bush, et al., 2005；许光清，邹骥，2006）。

系统动力模型可以推理复杂系统的变化过程，但也存在需要大量数据支持、模型验证困难的问题。

4. 经济理论模型

经济理论模型在灾害链领域的典型应用是 Haimes 提出的 IIM 模型（Input-output Inoperability model，输入-输出故障模型）（2005）。模型用网络表示系统的组成和关联关系，网络各个节点的值表示故障程度，其核心公式是：

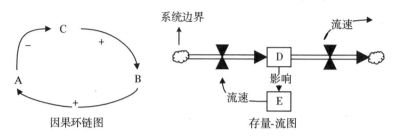

因果环链图　　　　　　　　　存量-流图

图 4.2　系统动力学模型

$$x_i = \sum a_{ij}x_j + c_i \qquad (4.1)$$

式中，x_i 表示故障的程度，a_{ij} 是故障传播的概率，这两类值根据经济统计数据获得。改变某一网络节点的值，即可计算系统中其他节点的故障程度。

IIM 及其衍生的模型主要用于灾后宏观经济或工业的损失评估，关联关系也需要从经济数据库中统计得到。

5. 复杂网络模型

复杂网络模型用网络来表示系统，网络节点代表系统的单元，边代表单元间的连接。根据是否模拟网络中物质或信息的流动可分为拓扑结构模型和网络流模型。前者侧重于研究系统网络拓扑结构对级联故障蔓延过程的影响（Winkler et al.，2011）；后者考虑了在系统中流动的信息、物质或提供的服务，相比单纯的拓扑结构模型，网络流模型能够更真实地模拟灾害系统运行的机制（Lee II et al.，2007；Ouyang，2014）。复杂网络模型在台风（陈长坤，纪道溪，2012；刘爱华，吴超，2015）、冰雪（陈长坤，2009；李双双，2015）等宏观灾害链建模中都有应用，也可用于构建关键基础设施系统网络，研究微观的网络拓扑结构对级联故障传播的影响（Gao et al.，2012）。模型的精细度高，则对计算能力的要求也较高。

4.1.4　典型台风灾害链

图 4.3 从这三个方面展示了中国东南沿海台风灾害系统的典型模式。从孕灾环境来看，东南沿海地区毗邻西太平洋，热带气旋活动频繁，亚热带季风气候显著，地理纬度与海陆位置决定了该区域台风频发。同时，区域内众多的河流水系、山地丘陵广布的地形和复杂的地质构造放大了台风登陆时造成的破坏

作用。例如，台风引发强降雨与风暴潮，与河流洪峰叠加，极易造成洪涝灾害；浙江、福建、广东等沿海省市山地丘陵广布，地质条件复杂且碎屑松散沉积物较多，在台风及其局部地区强降水的影响下，极易引发滑坡、泥石流等地质灾害。从承灾体分析，东南沿海人口稠密，经济发展水平高，渔业、航运发达，具有异质、多样的承灾体，但与之对应的沿海堤防、内陆水库等工程设防标准往往滞后于经济发展，未能及时提高承灾体的韧性；经济发展过程中一些不合理的资源开发活动，如占用河道、在山区丘陵建设大规模的交通干线，破坏了承灾体承载大风、强降雨的能力，从而加剧了承灾体的暴露性和脆弱性。

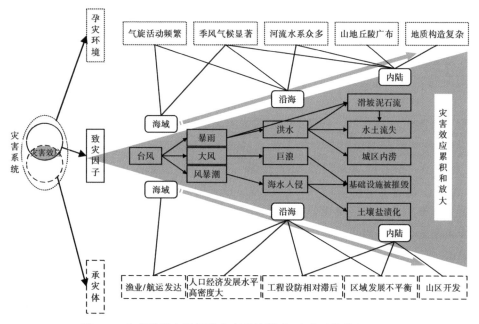

图 4.3　东南沿海台风级联灾害系统模式(改自王静爱(2012))

　　台风引发的一系列次生致灾因子也是导致灾害效应不断累积扩大的原因。台风形成时通常伴随着大风、暴雨和风暴潮等次生灾害。台风在海上风速可达 100~120m/s，登陆后，风力虽然有所减弱，但也常常会造成 12 级以上的大风(潘安定等，2002)，可轻易将大树连根拔起，掀起建筑物外露的装饰，威胁行人安全。台风充足的水汽来源和强烈的上升运动为暴雨的形成创造了条件，剧增的降水量在沿海山地丘陵地区会进一步引发滑坡、泥石流等二级次生灾害。另外，台风登陆时导致潮水位陡增，海水毁堤、倒灌，侵入内陆，造成洪涝灾害。

　　基于对历史案例数据的统计分析，王然等（2016）总结了台风的 12 种次生灾害：大风、暴雨、龙卷风、海浪、风暴潮、洪水（山洪）、渍涝、滑坡、崩塌、泥石流、堰塞湖和海水倒灌。这 12 种次生灾害之间的链式触发关系可以按照孕灾环境总结为如图 4.4 所示类别（帅嘉冰等，2012；叶金玉等，2014）。

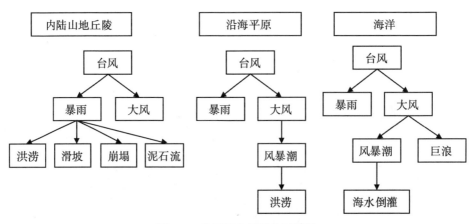

图 4.4　分区域台风致灾因子链

　　在海洋上，台风致灾因子链主要表现为台风—大风—巨浪型，若遇上海岛，则海岛沿岸和内陆的致灾因子链与陆地一致。沿海平原地区主要为台风—暴雨/风暴潮—海水倒灌—洪涝型灾害链。在内陆山地丘陵地区，台风引发大风与暴雨，强降雨进一步导致洪涝、滑坡崩塌和泥石流灾害。这一系列次生灾害通过破坏城市的关键基础设施系统，如电网、水网、天然气、通信、交通、应急救援设施，导致大范围的停电、停水、停气、交通、通信中断，阻碍应急救援，对城市系统的运转产生更深层次的影响（刘爱华，2013）。

4.2　基于复杂网络的灾害链分析

　　复杂网络（complex network）是由数量巨大的节点和节点之间错综复杂的关系共同构成的网络结构。复杂网络的主要特征为：①网络规模大，可能有成千上万乃至数以亿计的节点数量；②网络结构复杂多元，现实世界的大多数网络结构既不完全规则，也不完全随机，而是介于两者之间；③节点之间存在复杂的相互作用关系；④网络具有复杂的时空行为，节点状态和拓扑结构可以是静态的，也可以随时间、空间动态变化；⑤复杂网络的研究存在不同层次，可以从微观到宏观，也可以从生理、生态到社会不同层次进行研究（方锦清等，2007）。

现实世界中复杂网络比比皆是，很多真实系统，例如航空线路、高速公路、通信网络、金融网络，乃至神经网络、社交网络都可以抽象为复杂网络（周涛等，2005）（Silva, et al., 2018）。灾害链及其各个环节之间复杂的关系也可用复杂网络进行表达和分析。

4.2.1 复杂网络的拓扑结构特性

复杂网络的拓扑结构特性主要包括：度和度相关性、距离和路径等（汪小帆等，2006；Silva, et al., 2018）。

1. 度与相关性

节点的度是指与该节点连接的边的数量。度数大的节点在网络中的作用力、影响力或者重要性高。在有向网络中，度又可分为入度和出度，分别表示所有指向节点的边与所有从节点出发的边的数量。

在网络 $\mathbb{G} = (\mathbb{V}, \mathbb{E})$ 中，密度 (D) 主要用来衡量网络中各节点之间的连接强度，它以实际的连接数为分子，所有可能的连接方案为分母，计算公式为：

$$D = \frac{E}{V(V-1)} \tag{4.2}$$

式中，V 是节点数量，E 是连接边数量。

网络密度的取值区间为 $[0, 1]$，当密度 $D = 0$ 时，此时的网络是一个零图。将密度 D 接近 0 的网络称为稀疏网络。当 $D = 1$ 时，此时的网络是一个完全图。网络密度对算法的时间复杂度有着显著影响。

网络中节点相关性通常用网络同配性进行判断。网络的同配性主要根据网络中节点的度，从网络结构的角度考虑网络中节点相连的可能性。在非零图 $\mathbb{G} = (\mathbb{V}, \mathbb{E})$ 中，用 u 和 v 表示某条边 e 的两个节点的度，E 表示图中边的数量，则网络的同配系数 r 为（Silva, et al., 2018）：

$$r = \frac{E^{-1} \sum\limits_{e \in E} uv - \left[\dfrac{E^{-1}}{2} \sum\limits_{e \in E} (u+v) \right]^2}{\dfrac{E^{-1}}{2} \sum\limits_{e \in E} (u^2 + v^2) - \left[\dfrac{E^{-1}}{2} \sum\limits_{e \in E} (u+v) \right]^2} \tag{4.3}$$

r 的取值范围 $[-1, 1]$，当 r 为正值时，表示度大的节点倾向于连接度大的节点，当 r 为负值时，表示度大的节点倾向于连接度小的节点。

2. 距离和路径

节点间的距离是指从一个节点到另一个节点需要经过的边数。在网络 $G = (V, E)$ 中，节点间的最大路径长度称为网络的直径，记为 T，网络的直径可以理解为网络中最大的关系链。对无向网络而言，直径 T 的取值范围为 $[0, V-1]$。

在网络中，节点 i 的偏心率表示网络中其他节点与其距离最长的路径。偏心率最小的节点之间的距离称为半径。

对网络中所有节点对间的最短距离进行平均，得到平均路径长度（Average Path Length，APL），APL 可以衡量网络的传输性能与效率。信息、能量或物质在 APL 小的网络中传播得更快，APL 的计算公式为：

$$\text{APL} = \frac{1}{V(V-1)} \sum_{i, j \in V, \ i \neq j} \frac{1}{d_{ij}} \tag{4.4}$$

式中，V 代表网络节点集合，d_{ij} 是节点 i 与 j 之间的最短距离。

3. 网络结构

复杂网络的结构一般用聚类系数、模块化系数等指标进行描述。

聚类系数是度量网络中节点聚集程度的系数，例如在社会网络中，成员之间联系紧密，相互认识，则该网络的聚类系数高。假设网络节点 i 具有 k_i 条边将它与其他节点直接相连，称这 k_i 个节点为它的邻居。显然，这 k_i 个节点之间最多存在 $k_i(k_i-1)/2$ 条边，节点 i 的邻居之间实际存在的边的数目 E_i 与 $k_i(k_i-1)/2$ 之比则称为节点 i 的聚类系数 C_i，即

$$C_i = 2E_i/k_i(k_i - 1) \tag{4.5}$$

整个网络的聚类系数 C 就是所有节点的聚类系数的算数平均值，即

$$C = \frac{1}{V} \sum_{i \in V} C_i \tag{4.6}$$

式中，C_i 和 C 的取值范围为 $[0, 1]$。网络的聚类系数量化了网络中节点之间的连接情况，当 $C=1$ 时，说明网络中所有节点都是相连的，如果 C 趋近于 0，说明网络间的连接较为松散。

模块化系数用于度量网络中某一特定聚类（也称为组、团、社团等）的可能性，即度量网络中聚类的强度。模块化系数取值区间为 $[0, 1]$，当接近 0 时，表明网络不存在社团结构，即网络中的节点是随意相连的。随着模块化系

数的增加，社团结构越来越清晰，此时社团内边的比例比社团间边的比例要大。除了对网络聚类的度量外，模块化系数定义了每个节点属于某一社团的可能性。

4.2.2 复杂网络的经典模型

现实世界中的真实网络既不是完全规则的，也不是完全随机的(方锦清等，2007)，为了研究真实网络的拓扑结构，学者们提出了许多网络模型，典型的网络模型包括：小世界网络、无标度网络等。

1. 小世界网络

小世界网络是一类特殊的复杂网络结构，在这种网络中大部分的节点彼此并不相连，但绝大部分节点之间经过少数几步就可到达(维基百科)。1998年Watts和Strogatz在 *Nature* 上发表文章《"小世界"网络的群体动力学行为》，首次建立了小世界网络模型。体现"小世界特性"的典例是六度分隔理论，任意两个不相识的个体，平均通过六次连接就可以实现两者间的信息传递。

小世界网络任意两个节点可以通过有限的边实现连接，网络的连接度分布 $P(k)$ 近似服从 Poisson 分布，节点的度集中在平均值 (k) 附近，当 $k>>(k)$ 时，$P(k)$ 非常小，度为 k 的节点几乎不存在，因此，小世界网络也被称为同质、均匀(homogeneous)网络。

小世界现象广泛存在于自然界和人类社会，万维网、脑神经网络、基因网、电力网、世界航空网、公路交通网、社会网络都呈现出小世界特性(孙可，2008)。在公共安全研究领域，部分灾害网络具备小世界特性，平均路径长度短，聚类系数大，灾情可以通过网络迅速传播。例如，在缺乏及时有效的预防和控制的情况下，病毒可以通过少数感染者迅速蔓延，导致大规模的瘟疫；电力网络一个节点的崩溃，可能引发大规模的节点失效，导致大面积停电事故。

2. 无标度网络

无标度网络(Scale-free network，或称无尺度网络)的典型特征是：极少数节点拥有很高的度数，而大部分节点只有很少的度数(Silva，et al.，2018)，即大部分节点只和很少节点连接，而有极少的节点与非常多的节点连接。

这些高度数的节点称为集散节点(hub)，集散节点的存在使得无标度网络对意外故障有强大的承受能力，针对集散节点的攻击呈现较高的脆弱性，而对于随机的扰动则展现了较强的稳健性（车宏安，顾基发，2004；胡娟，等，2009）。无标度网络中节点度不再集中分布在相似的区间内，而是遵循"幂次定律"。为了解释幂律分布的产生机理，Barabási 和 Albert 提出了 BA 模型（Barabási and Albert，1999）。BA 模型考虑了无标度网络自组织的两个因素：增长与择优连接，即网络中不断有新的节点加入，而新加入的节点更倾向于与本身连接度就较高的节点相连。

集散节点的存在对于我们寻找级联灾害传播的关键节点，制定应急管理的策略，以及维护关键基础设施系统都有很好的应用价值。

4.2.3　基于网络拓扑结构的关键节点识别

将灾害链的各个环节抽象为节点，环节之间的关联抽象为边，则得到灾害演化系统网络 $G = (V，E)$，其中，V 是节点集合，E 为边集合。借助网络的拓扑结构特性可以识别灾害链的关键节点。

例如，通过表 4.1 中的指标计算节点的重要性，可识别灾害系统网络中对灾害演进起到关键作用的节点。D_out_hazard(k) 代表致灾因子 k 的出度，值越大，说明 k 引发的次生致灾因子、影响的基础设施系统越多，是首要关注和防范的节点；D_in_hazard(i) 表示能对关键基础设施系统节点 i 产生破坏的致灾因子数，值越大，说明在台风侵袭下，该系统的脆弱性越大；D_in_node(i) 和 D_out_node(i) 分别为关键基础设施系统网络内部节点的入度和出度，分别反映了关键基础设施系统对其他系统的依赖程度和重要性，入度大，则系统 i 的正常运行需要较多其他系统的协助；出度大，则说明多个系统均依赖于系统 i 才能正常运行。因此在应急救援中，应当首先保障 D_out_node 较大的关键基础设施系统节点的稳定。

表 4.1　　　　　　　　　　　　　　节点重要性评价指标

指标	含　义
D_out_hazard(k)	致灾因子 k 的出度
D_in_hazard(i)	关键基础设施系统节点 i 的致灾因子入度
D_in_node(i)	关键基础设施系统节点 i 的关联系统入度
D_out_node(i)	关键基础设施系统节点 i 的关联系统出度

4.2.4 灾害演化的动力学原理

灾害系统是由众多相互关联、协作的子系统组成的复杂适应性系统（complex adaptive system）（Rinaldi, et al., 2001），它具有如下基本特性（吴之立，2012）：①复杂性：由多领域网络系统形成的复杂网络系统，具有复杂系统的非线性基本动力学特征；②自组织性：系统在离开平衡态后，可自动实现从无序到有序状态或从有序到无序状态的演变，同时对环境和条件的变化具有一定的适应和修复能力；③临界性：系统或系统的某些节点的破坏程度达到一定阈值时会引发级联故障，故障传播的速度大大增加；⑤相互依赖性（interdependency）：各个系统之间、系统内部存在相互依存的关系，这是一种双向的关联关系，一个部分的状态发生变化可以影响另一个部分的状态，反之亦然。

网络的拓扑结构特性并不能够完整地表现灾害演化的复杂动态过程，网络的各个节点本身状态的变化也影响到灾害的演化进程。如图 4.5 所示，在由多个子系统节点 N 和关联边组成的灾害系统中，任一节点 N_i 的状态受到五类因素作用：

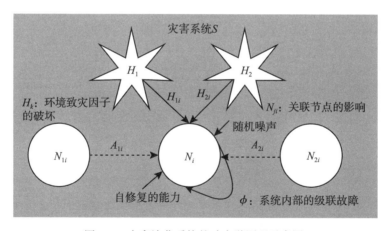

图 4.5 灾害演化系统的动力学原理示意图

（1）环境致灾因子 H_k 的直接破坏作用；

（2）与之关联的其他节点 N_{ji} 的影响；

（3）节点内部损失的加剧，N_i 遭到破坏而出现故障后，由于系统内部的相互关联关系，故障可能会在系统内进一步传播，在模型中用自循环参数来模拟；

(4)节点本身具备一定的自修复能力，受到轻微扰动时能够在没有外力救援的情况下恢复到正常状态；

(5)节点内部存在固有的随机噪声，灾害系统本身未涵盖所有的灾害事件，因此也存在外部噪声，两类噪声统一表达为随机噪声。

根据文献(Li and Chen，2014；Buzna，et al.，2006；翁文国等，2007)，台风灾害系统 S 可由网络 $G = (V，E)$ 来表示，网络中任一节点 N_i 拥有状态值 x_i，当 $x_i = 0$ 时，说明此时系统处于正常运行状态，没有遭到破坏；x_i 越大，说明系统偏离正常状态越严重，越接近崩溃的状态。系统状态随时间演变的计算公式为：

$$\frac{\partial x_i}{\partial t} = -\frac{x_i}{\tau_i} + \varphi \left(\sum_{j \neq i} A_{ji} x_j (t - t_{ji}) e^{-\beta t_{ji}/\tau_i} + \sum_k B_{ki} H_k(t)(t - t_{ki}) e^{-\beta t_{ki}/\tau_i} \right) + \xi_i(t)$$

(4.7)

公式(4.7)第 1 项表示节点 i 的自修复能力，τ 为自修复因子，值越大，节点恢复到正常状态所需要的时间越长，自修复能力越差。公式第 2 项代表节点 i 所有父节点的影响，反映的是所有与 i 关联的关键基础设施系统对系统 i 状态的改变；A_{ji} 是节点 j、i 的连接强度，反映了 i 对 j 的依赖程度的大小；t_{ji} 是时延系数，值越大，节点 j 对 i 的破坏越滞后；β 是阻尼系数，描述的是系统扰动在传播过程中的强度，阻尼系数越大，扰动传播的速度越慢；自循环参数 φ 模拟节点内部的级联故障，通过公式(4.8)计算。随时间 t 的增加，φ 增大，节点内部级联故障传播的速度加快。α 是给定参数，用来调控 φ 增长的速度。

$$\varphi = \left[\left(1 + \frac{1}{t} \right)^t - 1 \right]^\alpha (t \geq 1)$$

(4.8)

公式(4.7)的第 3 项描述致灾因子对关键基础设施系统的破坏。同样，B_{ki} 是致灾因子 k 与系统 i 的连接强度，与 k 与 i 受损的共现频次成正比，即致灾因子 k 经常导致系统 i 受损，则连接强度 B_{ki} 较大；$H_k(t)$ 是致灾因子 k 在时间 t 的强度；t_{ki} 为时延系数，表示致灾因子与承灾体接触到造成实质性破坏所需的时间。公式(4.7)的第 4 项模拟系统内部的随机噪声。

公式(4.7)的微分形式不便于计算机编程实现，因此将它转换成离散形式(公式(4.9))，节点 i 在时间间隔 Δt 后的状态值 $x_i(t + \Delta t)$ 可在 t 时刻状态值 $x_i(t)$ 的基础上推算得到。

$$x_i(t + \Delta t) = x_i(t)\, e^{-\frac{\Delta t}{\tau_i}} + (\tau_i - \tau_i e^{-\frac{\Delta t}{\tau_i}})$$

$$\cdot \left\{ \sum_{j \neq i} \varphi A_{ji} x_j(t + \Delta t - t_{ji})\, e^{-\beta t_{ji}/\tau_i} + \sum_k \varphi B_{ki} H_k(t)(t + \Delta t - t_{ki}) \right.$$

$$\left. e^{-\beta t_{ki}/\tau_i} + \xi_i(t) \right\} \tag{4.9}$$

4.3 基于复杂网络的灾害过程模拟——以台风灾害链为例

灾害链研究中定性的经验模型比较多，有的局限于对自然灾害及其次生灾害的案例统计与经验推理，缺乏定量的信息描述。对研究对象的尺度不加区分，将诸如暴雨等空间分布范围广、影响大的事件与广告牌掉落之类影响较小的事件相提并论，这在一定程度上模糊了应急决策的焦点，还有改进的空间。关键基础设施系统作为城市的生命线系统，不仅组成了灾害链的重要部分，也是决策者关注的重点，系统之间的相互依赖关系也是级联故障进一步蔓延的内因，因此关键基础设施是灾害链分析建模的重要环节。同时，目前已有比较成熟的电力、供水、供气、交通等基础设施网络建模和仿真的方法与理论，这些仿真模型和领域知识可以为灾害链的定量分析提供理论和事实的支持。

在4.1节概述了典型的台风灾害链，4.2节介绍了复杂网络基本特性和基于网络的灾害演化动力学模型的基础上，本节将以台风灾害链为例，运用复杂网络的灾害演化模型来模拟在台风多灾害作用下，城市关键基础设施系统中级联故障的传播过程。

4.3.1 问题描述

图4.6展示了台风灾害链在城市关键基础设施系统之间的传播过程，台风可引发风暴潮、大风、暴雨等一系列次生灾害，对城市关键基础设施系统的正常运行造成威胁与破坏；关键基础设施系统内部及系统之间存在的相互依赖关系使得外部致灾因子引发的故障在系统中进一步传播，造成灾情的进一步累积与放大。

受数据和专业知识限制，本节模型对台风灾害和基础设施系统做了一定的简化，如图4.7所示，台风致灾因子仅考虑大风与风暴潮增水，关键基础设施系统仅列举有代表性的电网、电力通信网和交通网络，交通网络选择地铁线路。地铁处于地下，受风暴潮增水淹没的影响最大；电网和电力通信网主要受强风影响，容易发生倒杆、导线风偏放电短路、强风刮起的异物挂线短路等故

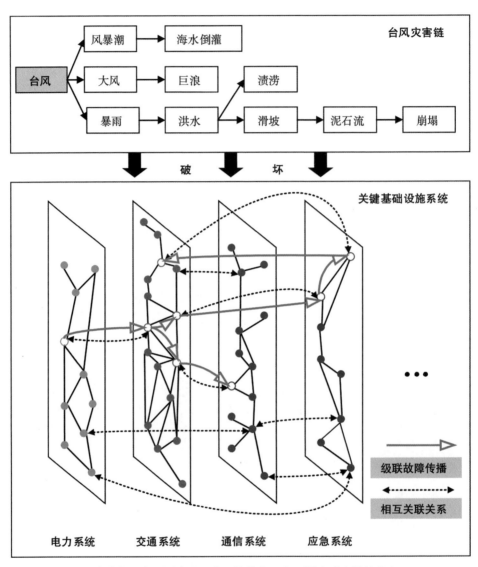

(图中彩色的实心圆表示正常工作节点，空心圆表示失效的节点)

图 4.6　研究对象示意图

障(张勇等，2012)。除了来自外部环境的致灾因子的影响，三个系统的相互依赖关系也会导致故障的蔓延。地铁站点依赖电力系统供电维持正常运行，因此地铁系统与电力系统之间是单向的依赖关系。电网中各级站点依赖电力通信网络进行有效的调度和控制，而通信设备部署在电力站点上，依存于电网，两者是相互依存的(李旲菊等，2019)。

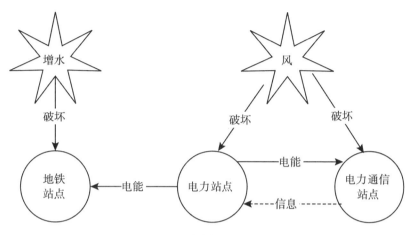

图 4.7　级联故障模型的研究对象

　　大风、风暴潮增水、地铁、电力站点等都是具有时空属性的。在实际的应急管理与救援处置中，如果管理者能够明确系统具体的哪个环节在哪一具体位置出现了故障，就能实时、准确地调配人员、物资，有的放矢，针对具体情况制定救援处置的方案，从而既提高了救援处置的效率，又能促进精细化应急管理的进步，节约应急管理资源。

　　本节将对图 4.7 所示的过程进行建模，考虑各灾害和关键基础设施传统实际的空间位置分布及其状态随时间的变化模式，对现实中台风多灾害串发、并发的情况下关键基础设施系统的运行情况进行模拟，构建一个动态的台风灾害链的推理、模拟框架。

4.3.2　致灾因子的影响

　　模型第一步是计算关键基础设施系统外部致灾因子对网络各个节点的破坏程度。如图 4.8 所示，在强风和增水淹没的影响下，电力通信网、电网和地铁线路的部分节点被损坏而失效了。根据强风和增水淹没的范围与强度的空间分布情况，可以判断哪些节点受到何种程度影响；根据基础设施承灾体自身的脆弱性，可以进一步估计受影响节点的损坏程度。

　　在这一步不考虑基础设施系统之间的相互依赖关系，每一个基础设施系统

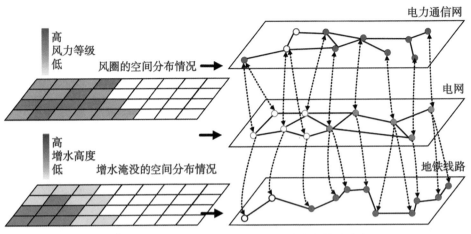

（实心圆表示正常工作的站点，空心圆代表失效的站点）

图 4.8　致灾因子使基础设施网络节点失效

网络都可以表示为一个独立的无向网络 $\mathbb{G} = (\mathbb{V}, \mathbb{E})$，$\mathbb{V}$ 表示网络的节点，$\mathbb{E}$ 为连接节点的边。x_i 为节点 i 的受损状态，当节点正常运行，没有受到外部致灾因子的破坏时，$x_i = 0$；x_i 越大，说明节点损坏越严重。x_i 随时间变化过程的计算公式为：

$$\frac{\partial x_i}{\partial t} = -\frac{x_i}{\tau_i} + \sum_k B_{ki} H_k(t)(t - t_{ki}) \, \mathrm{e}^{-\beta t_{ki}/\tau_i} + \xi_i(t) \tag{4.10}$$

其中，公式 (4.10) 右边第 2 项计算外界致灾因子对节点的破坏，H_k 代表致灾因子 k 的危险性；B_{ki} 表示致灾因子 k 与承灾体节点 i 之间的连接强度，反映了节点 i 对于 k 的脆弱性，或者说易损程度；t_{ki} 是时延系数，指从致灾因子与承灾体接触至造成实质破坏之间可能存在的时间延迟；β 是阻尼系数，与时延系数作用相同，控制损失蔓延的速度；τ_i 代表节点自身的恢复能力，值越大，节点的自我修复能力越弱，在公式第 1 项中得到体现；公式中最后一项表示节点内部的噪声，是一个随机给定的值。

连续的微分形式不便于编程实现，便于计算的差分形式为：

$$x_i(t + \Delta t) = x_i(t) \, \mathrm{e}^{\frac{\Delta t}{\tau_i}} + \left(\tau_i - \tau_i \mathrm{e}^{-\frac{\Delta t}{\tau_i}}\right) \left\{ \sum_k B_{ki} H_k(t)(t + \Delta t - t_{ki}) \, \mathrm{e}^{-\beta t_{ki}/\tau_i} + \xi_i(t) \right\}$$

$$\tag{4.11}$$

当节点受损状态达到一定阈值 θ 时，认为节点失去了继续工作的能力。定义 F_i 为节点 i 崩溃与否的状态量，F_i 的取值满足公式 (4.12)，$F_i = 1$ 时，节点正常运行，$F_i=0$，代表节点已失效。

$$F_i = \begin{cases} 1, & x_i < \theta \\ 0, & x_i \geq \theta \end{cases} \tag{4.12}$$

4.3.3 级联故障在基础设施系统网络中的传播

模型第二步考虑基础设施系统之间相互依赖关系对故障传播的影响。如图
4.9所示，左边是模型第一步计算的结果，部分节点受到强风和增水淹没的破
坏已经崩溃失效；右边则展示了由于基础设施网络之间的相互依赖关系导致的
故障进一步传播的结果，显然，失效的节点更多。下面分电网-电力通信网和
电网-地铁网两部分详细介绍故障传播的机制。

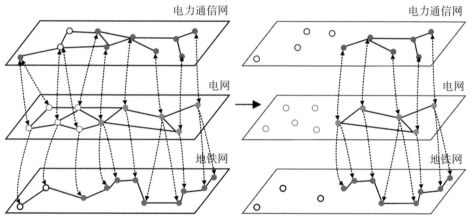

（实心圆表示正常工作的站点，空心圆代表失效的站点）

图4.9 级联故障在基础设施网络中的传播示意图

1. 电网-电力通信网

电网与电力通信网之间是相互依存的关系，两者耦合形成了信息物理电力
系统耦合网络。一方故障，都有可能导致整个耦合网络的崩溃（汤奕等，
2015）。Buldyrev等（2010）提出了一个简单的模型来模拟级联故障在耦合网络
之间的传播过程，对电网和电力通信网都做了简化处理，不考虑实际输配电网
中复杂的动态过程。

如图4.10所示，在初始状态（图4.10(a)），网络A中的节点a_0遭到外界

致灾因子的破坏而失效；下一个阶段(图 4. 10(b))，网络 B 中依赖于 a_0 的节点 b_0 被移除，与 a_0、b_0 连接的边也被移除；到阶段 2(图 4. 10(c))，b_{23}、b_{22} 与 a_{12} 不能形成闭环，无法构成独立工作的小系统，因此对于与网 A 中孤立节点相连的网 B 节点，如 b_{11} 和 b_{12}，移除它们与网 B 中其他节点相连的边；阶段 3 (图 4. 10(d))中对网 A 中的节点也做相同处理，得到最后的结果。

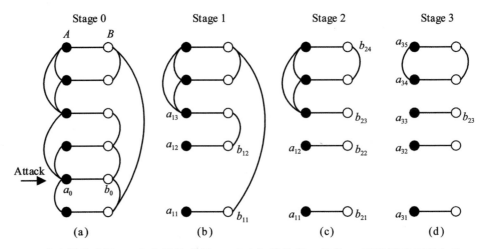

实心圆构成网 A，空心圆构成网 B。(a)初始阶段，节点 a_0 遭外界破坏而失效；(b)阶段 1，与 a_0 关联的 b_0 失效；(c)阶段 2，B 网中与 A 网中孤立节点相连的节点解除与 B 网其他节点的连接；(d)阶段 3，A 网中与 B 网中孤立节点相连的节点解除与 A 网其他节点的连接。

图 4. 10　相互关联网络级联故障示意图

2. 电网-地铁网

电网与地铁网之间是单向的依赖关系，地铁站点的正常运行依赖电力网持续的供电，因此当供电站失效，地铁站也停止正常工作。如图 4. 11(a)和图 4. 11(b)所示，电网站点 a_0 遭到外界致灾因子的破坏而失效，依赖于它的地铁站点 b_0 也失效，同时相连的边被移除；当地铁站点 b_0 遭到攻击而失效时，仅移除网 B 中与之相连的边，网 A 的节点不受影响(图 4. 11(c)(d))。

重复 4. 3. 2 节致灾因子影响计算和 4. 3. 3 节级联故障传播两个步骤，则可模拟台风灾害的动态演进过程。

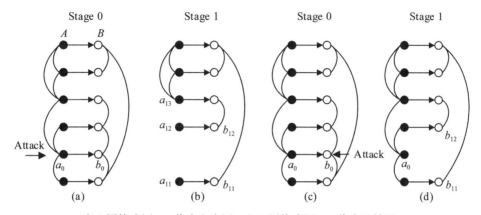

实心圆构成网 A，代表电力网；空心圆构成网 B，代表地铁网。

图 4.11　电网-地铁网级联故障示意图

4.3.4　研究区域与数据

下面以台风"山竹"为例，介绍模型的实现、评估系统自修复能力、灾害时延系数等参数对灾害演进的影响。

2018 年超强台风"山竹"登陆我国，国家气象中心自 9 月 7 日 20 时起对"山竹"进行编号，至 9 月 17 日 17 时"山竹"强度降为热带低压后停止编号，其风速和风力等级如图 4.12 所示，影响深圳市的时间段为 9 月 15 日 22 时至 9 月 17 日 0 时。在此期间，"山竹"主要呈现强台风的级别，风力 14~15级，最大风速达到 50m/s。受"山竹"影响，深圳供电线路中断 493 条次、15万多户居民停电、84 个小区停水、4 个片区供气中断，交通设施受损 97 处（深圳市气象局，2018）。

图 4.13 展示了深圳市的位置以及区域内电力、电力通信系统以及地铁站点分布情况。数据类型及来源见表 4.2。

三个关键基础设施系统的站点数据均来自于百度地图，其中电网、电力通信网站点通过关键词爬取，地铁数据是真实的地铁线路。致灾因子的数据包括"山竹"的轨迹和风速等信息，来自中国天气台风网；在风场数据的基础上，利用 MIKE21 软件模拟计算得到风暴潮增减水的数据。图 4.14、图 4.15 分别展示了 2018 年 9 月 16 日 12 时的风场和风暴潮增减水的分布情况，此时深圳市主要在 7 级和 10 级风圈覆盖范围内；珠江口、伶仃洋以及大鹏湾附近出现

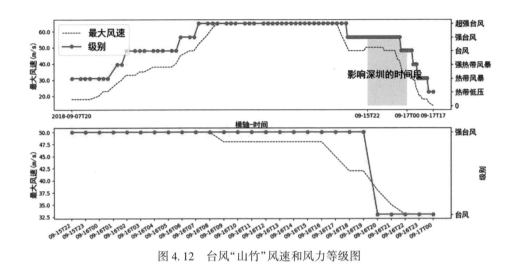

图 4.12　台风"山竹"风速和风力等级图

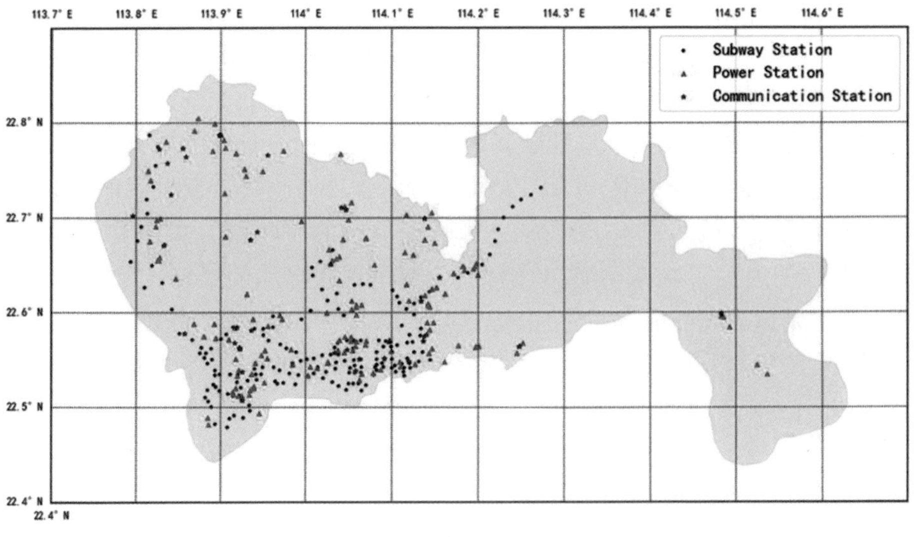

图 4.13　研究区域及关键基础设施系统站点分布情况

了 8m 以上的增水。基于以上数据，对"山竹"影响深圳期间基础设施系统级联
故障传播的过程进行模拟。

表 4.2 数据类型及来源

数据类型	数量(个)	时间	来　　源
风场	—	2018 年 9 月 8 日 0 时—9 月 17 日 0 时	中国天气台风网 http：//typhoon. weather. com. cn/
风暴潮增减水	—	2018 年 9 月 15 日 22 时—9 月 17 日 0 时	MIKE 21 模拟计算得到
地铁站点	215		百度地图开放平台爬取
电网站点	154		百度地图开放平台爬取，关键词："发电厂""变电站""充电站"
电力通信网站点	54		百度地图开放平台爬取，关键词："供电局"

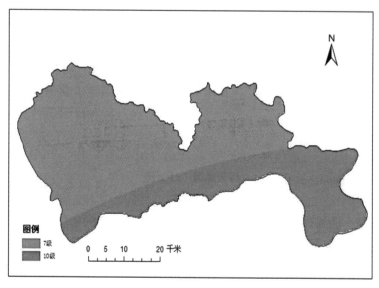

图 4.14 深圳市 2018 年 9 月 16 日 12 时风场分布情况

4.3.5 网络构建

已有的基础设施系统数据只提供了各节点的位置信息，没有网络结构信息。因此需要提出算法构建网络。

根据文献（孙可，2008），中国华东地区电网满足小世界特性，相较随机

123

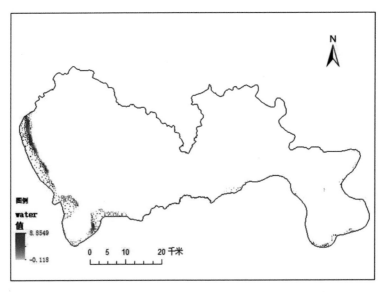

图 4.15　深圳市 2018 年 9 月 16 日 12 时风暴潮增减水分布情况

网络，聚类系数大，度分布近似服从 Poisson 分布；而电力通信网通常具有无标度网络的特点(刘涤尘等，2015)，特别是带有备用总调配站的双星型网络具有典型的无标度特性(胡娟等，2009)。采取算法 4.1 来构建深圳市电网和电力通信网。此算法考虑地理空间邻近属性和节点异质性，兼具小世界特性和无标度特性(Masuda, et al.，2005)。电力网络中，网络节点是电网中的发电厂、变电站和充电站(配电)，边代表各电力节点之间的连接；电力通信网络中，网络节点是电力通信系统中的电力调配中心，边是节点的连接。对于网络中的任意两个节点 i 和 j，如果满足以下两个公式，则连接两个节点。

$$(\omega_i + \omega_j) h(\text{dist}) \geqslant \theta \qquad (4.13)$$

$$h(\text{dist}) = \text{dist}^{-2} \qquad (4.14)$$

　　式中，ω_i，ω_j 是节点 i、j 的权值，权重越高，说明该节点在网络中占据越重要的地位，越有可能与其他节点连接；$h(\text{dist})$ 表示距离 dist 的两节点之间连接的概率，在现实中，一般说来，距离越远，两节点之间连接的可能性越小，因此将 h 设定为 dist 的 -2 次方，dist 设置为大地线距离；θ 是给定的阈值，当权值 ω 与连接概率 h 之积达到该阈值，说明节点大概率上存在关联关系。网络构建的具体实现方法见算法 4.1。

算法 4.1 考虑地理空间邻近属性和节点异质性的网络生成方法

输入：nodes，weights，θ

输出：$\mathbb{G} = (\mathbb{V}，\mathbb{E})$

ProduceNetwork（nodes，weights，θ）

1	for $node_i$ in nodes（$i \in [1，numberofnodes]$）
2	for $node_j$ in nodes（$j \neq i$）
3	dist = geoDistance（$node_i$，$node_j$）
4	flag =（$weights_i$ + $weights_j$）* $dist^{-2}$
5	if flag $\geq \theta$
6	G. add_edge（$node_i$，$node_j$）
7	return $\mathbb{G} = (\mathbb{V}，\mathbb{E})$

网络构建的结果如下：

1. 电网

所有电力站点中，变电站、发电厂的权重设为 5，其他电力站点的权重设为 1，阈值 $\theta = 0.05$。依据前述算法得到如图 4.16 所示的深圳市电力系统网络。

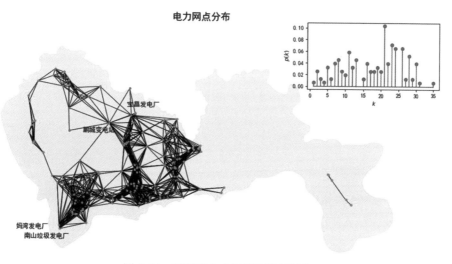

图 4.16　深圳市电力系统网络(模拟)

2. 电力通信网

所有电力通信网站点中，电力信息调度中心的权重为 5，其他信息点的权重为 1，阈值 $\theta=0.05$。最终得到如图 4.17 所示的深圳市电力通信网络。

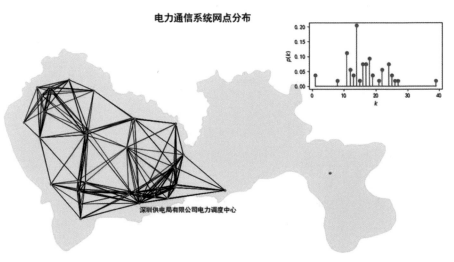

图 4.17　深圳市电力通信网络(模拟)

3. 地铁网

采用实际的深圳市地铁线路进行实验，如图 4.18 所示。

不同关键基础设施系统之间的关联则依据空间邻近的原则，对于每一个电网站点，连接到与之距离最近的通信网站点；对于每一个地铁站点，连接到与之距离最近的电网站点。最终得到深圳市电力-电力通信-地铁耦合系统网络，如图 4.19 所示。

4.3.6　计算流程与参数设置

关键基础设施系统耦合网络级联故障的演进在实验中以算法 4.2 的形式编程实现。已知任意时刻 t 耦合网络 G_t 节点的受损状态值、点坐标，以及风场和增水分布情况，可以推理得到时间间隔 Δt 之后耦合网络 $G_{t+\Delta t}$ 的情况。地铁站点的增水高度一旦超过 0，即认为站点有进水的危险，站点失效。

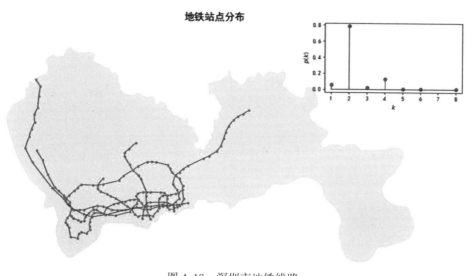

图 4.18 深圳市地铁线路

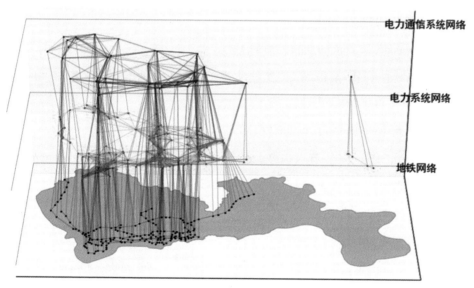

图 4.19 深圳市电力-电力通信-地铁耦合系统网络结构示意图(模拟)

算法 4.2 台风灾害作用下关键基础设施系统耦合网络级联故障的演进方法

输入：时刻 t 的多系统耦合网络 $G_t(N, E)$；

节点受损状态值 $X_t = (x_1, x_2, \cdots, x_n)$，n 为节点总数；点坐标 Pos = $(P_1, P_2, \cdots, P_n)$；

时刻 t 风场 $Wind_t$；时刻 t 增水分布 $Water_t$；时间间隔 Δt；

地铁、电力、电力通信网节点阈值 $\theta = (\theta_S, \theta_P, \theta_C)$。

输出：$G_{t+\Delta t}(N, E)$；节点受损状态值 $X_{t+\Delta t}(x_1, x_2, \cdots, x_{n'})$，n 为新网络的节点数量。

Development(G_t, X_t, Pos, $Wind_t$, $Watert_t$, Δt)

1 　step1 节点状态计算

2 　for $node_i$ in N

3 　　　风强 $H_{wind} = Wind_t(Pos_i)$，增水 $H_{water} = Water_t(Pos_i)$

4 　　　根据公式(4-2)计算 $x_i(t+\Delta t)$

5 　for $node_i$ in power_nodes #电力节点

6 　　　if $x_i(t+\Delta t) > \theta_P$，节点失效；待删除电力点列表 p_del_nodes. append($node_i$)

7 　for $node_i$ in commu_nodes #通信节点

8 　　　if $x_i(t+\Delta t) > \theta_C$，节点失效；待删除通信点列表 c_del_nodes. append($node_i$)

9 　for $node_i$ in subway_nodes #地铁节点

10 　　　if $H_{water} > 0$，节点失效；待删除地铁点列表 s_del_nodes. append($node_i$)

11 　step2 更新电力-通信子网络

12 　for $node_i$ in p_del_nodes

13 　　　find neighbors of $node_i$ in commu_nodes, c_del_nodes. append(neighbors)

14 　for $node_i$ in c_del_nodes

15	find neighbors of node$_i$ in power_nodes, p_del_nodes. append(neighbors)
16	for node$_i$ in power_nodes/commu_nodes
17	if degree(node$_i$) = 1, find neighbors of node$_i$ in commu_nodes/power _nodes,
18	待删除度为 1 的节点列表 pc_del_nodes. append(neighbors)
19	step3 更新电力-地铁子网络
20	for node$_i$ in p_del_nodes
21	find neighbors of node$_i$ in subway_nodes, s_del_nodes. append(neighbors)
22	step4 更新耦合网络
23	G$_t$. delete(p_del_nodes, c_del_nodes, s_del_nodes)
24	G$_t$. delete(edges of p_del_nodes, c_del_nodes, s_del_nodes, pc_del_ nodes)
25	return G$_{t+\Delta t}$(N, E) = G$_t$

由于实际台风登陆时应急管理部门对关键基础设施系统，特别是电力系统的抢修都非常重视，工期短，投入资源多，因此为了模拟实际情况，将系统自修复系数设为一个较小的值；强风对电力系统设施的破坏是瞬时性的，因此将致灾因子的时延系数 t_{ki} 设为 0；强风与电力系统间的关联强度 $B_{风电}$ 要强于与通信系统间的管理强度 $B_{风信}$，因为电力系统遭受强风破坏的频率更高；其余参数值，包括阻尼系数 α、β 和阈值 θ_P、θ_C 在实验中给定。

4.3.7 结果分析

三个基础设施网络在强风和风暴潮增水破坏下的总体运行情况如图 4.20 所示，图中横坐标为时间轴，实线表示各网络崩溃的节点数量，虚线代表正常运行节点占的百分比。9 月 8 日 0 时到 9 月 15 日 22 时之间，系统只受到风暴潮增水的影响，地铁网中有 4 个站点被淹没而停止运行，分别是：鲤鱼门、新安、宝安中心和湾厦，分布情况如图 4.21 所示，主要在伶仃洋附近海岸。15

日 22 时至 16 日 17 时，电网、电力通信网受强风影响，节点受损状态值 x 开始增加，但还未超过阈值，因此崩溃节点数没有增加；16 日 17 时后，部分电网节点崩溃，引发电力通信网节点失效，相互依赖性加速了级联故障的传播，失效的电网节点和电力通信网节点数量快速增长，大量依赖于电网的地铁网点也停止了正常运行。到 16 日 20 时，三个网络均稳定下来，电网、电力通信网、地铁网分别剩余 33%、57%、17% 的节点正常运行。

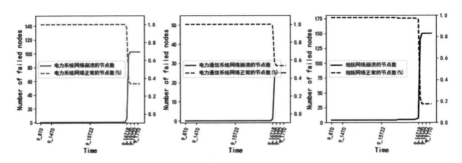

图 4.20　网络状态总体情况

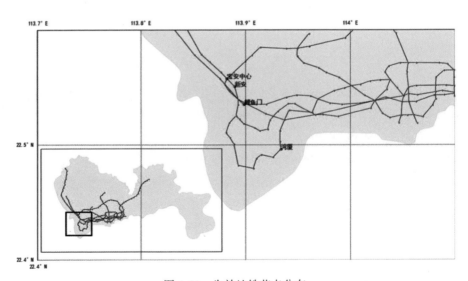

图 4.21　失效地铁节点分布

图 4.22 展示了 15 日 22 时、16 日 17 时、16 日 18 时和 17 日 0 时四个时段的耦合网络节点的情况。15 日 22 时，仅少数地铁节点因为风暴潮增水淹没而

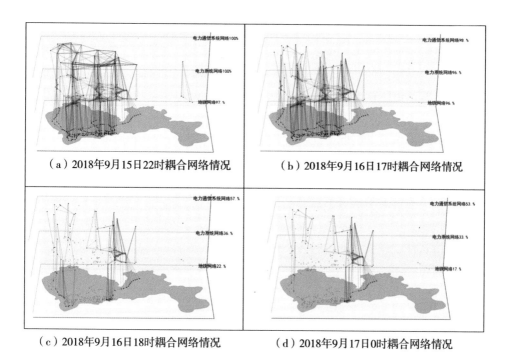

（a）2018年9月15日22时耦合网络情况　　　（b）2018年9月16日17时耦合网络情况

（c）2018年9月16日18时耦合网络情况　　　（d）2018年9月17日0时耦合网络情况

图4.22　四个时段的耦合网络节点的情况

关闭；16 日 17 时，96%的电网节点和98%的电力通信网节点正常运行；至 16 日 18 时，这一数量迅速降至 36%和 57%，地铁网正常工作的节点仅剩 22%；这之后直至 17 日 0 时"山竹"停止编号期间，级联故障传播的速度降低，最终稳定在 33%、57%和 17%。

　　根据新闻报道，截至 9 月 16 日 15 时，深圳电网 10 千伏线路累计停电 466 条次，共影响客户 13.8 万户，已恢复 123 条 10 千伏线路供电，6 万户客户已复电；截至 9 月 16 日 18 时，受停电影响客户数占全深圳客户 4.9%，经奋力抢修，已复电 7 万余户，仅 2.66%客户未恢复供电（中国电力新闻网，2018）；由于区域电力供应中断，共计 146 个通信机房停电，1199 个电信无线基站断站（深圳新闻网，2018）。9 月 16 日 12 时起，深圳所有地铁线路停运，由于采取了点对点的防御措施，截至 17 日 0 时，7 条线路所有车站无一进水，17 日 6 点 30 分所有线路恢复正常运行（深圳市交通运输委员会，2018）。

　　根据新闻报道描述的灾情，深圳地铁受增水威胁，于 16 日 12 时起全部停运；由于模型并未考虑行政命令和防御措施的影响，模拟结果中，9 月 8 日 0

时有少量站点因增水而失效，16 日 12 时失效的节点数为 5，占所有节点的 3%，之后由于大量电力节点失效，地铁站点才大量关停。报道中，电力系统受到强风影响而出现停电现象，继而导致大量通信机房停电，这一过程与模型模拟的结果是相似的，灾情峰值出现的时间点在 16 日 18 时左右，这与模拟的结果也相符。由于模型只考虑了强风的风力属性对电力系统的影响，风力的分布是比较均匀的；又加上模型中所有站点作同质性处理，受损状态模拟模型采用一模一样的参数。因此，在基本相同的风力作用下，具有相同抗风能力的不同电力节点基本同步达到了受损状态阈值，集中在 16 日 17 时至 19 时失效。在实际情况下，除了风力等级这一属性，风向也是影响电力设施如导线状态的重要因素，而且电力节点是异质的，具有不同的抗风能力，级联故障的发生不会是同步的。虽然模型不能全面地模拟现实中复杂的情况，但是数据越详细，模型的仿真性就越强；通过输入关键基础设施系统的真实检测数据也可以对模型进行纠正。

第5章 台风灾害评估与社会响应

台风是指发生在北半球经度在 100°E 到 180°E 之间的中心持续风速每秒 17.2m 或以上的热带气旋。风暴潮是指在强冷空气、热带气旋或温带气旋等不稳定天气系统的强烈作用下造成的海平面震荡和异常升降情况，由台风引起的称为台风风暴潮。台风风暴潮是一种极具破坏性的强烈低压涡旋，其中心最大风速超过 32m/s。飓风是发生在大西洋或东北太平洋的风暴，台风主要发生在西北太平洋，而热带气旋发生在南太平洋或印度洋。世界上近三分之一的热带气旋形成于西太平洋，高峰月份是 8 月至 10 月。历史上一些危害性很强的台风都曾袭击过我国，造成了巨大的生命财产损失。

本章在对台风灾害相关数据的空间分析和机器学习相关算法的基础上，对台风灾害的风险、脆弱性进行评估，可以用于灾前预防与准备，灾害发生与发展、衰减与结束阶段，并进行灾情动态研判、灾情影响评估和社会响应计算，可以服务于应急救援和灾后重建。

5.1 台风灾害过程的承灾体脆弱性评估

台风风暴潮灾害风险不仅与风速、降雨量等危险性参数有关，而且与承灾体的脆弱性密切相关。在自然灾害管理中，风险评价是重要工具，而把灾害与风险研究紧密联系起来的重要桥梁是"脆弱性分析"，即分析社会、经济、自然与环境系统相互耦合作用及其对灾害的驱动力、抑制机制和响应能力。本节以广东省为研究区域，结合台风"山竹"进行承灾体脆弱性评估计算。

5.1.1 广东省的台风灾害概况

在 2000—2017 年期间，影响广东省的热带气旋登陆总数为 65 次，从广东省登陆的热带气旋频数为 46，占登陆总数的 71%。台风与强热带风暴登陆频数较多，两者占比达 60% 以上，其中台风登陆频数为 25，占登陆总数的 38.46%；强热带风暴登陆频数为 17，占登陆总数的 26.15%；其次是热带风暴登陆频数为 12，超强台风登陆频数为 2，热带低压登陆频数为 3，超强台风与强台风总登陆频数为 8，同时 8 次热带气旋均在广东省登陆。

　　从时间角度来看，台风最早 4 月登陆，最晚至 11 月结束。按照月尺度对 2000—2017 年我国登陆的台风与影响广东省的台风分别统计其登陆频数，并绘制月尺度登陆频数直方图，如图 5.1 所示。在 2000—2017 年期间，影响广东的台风月尺度分布趋势与全国台风月尺度分布情况相似，均主要在 7~9 月登陆，最早登陆时间均是 4 月，影响广东省的台风最晚登陆时间是 11 月，而全国登陆台风的最晚登陆时间是 12 月。影响广东省的台风登陆频数最高的月份是 8 月，频数为 19，占登陆总数的 29.23%；其次是 7 月，频数为 18，占登陆总数的 27.69%；而全国台风登陆频数最高的是 7 月，频数为 61，占登陆总数的 30.5%；其次是 8 月，频数为 57，占登陆总数的 28.5%（刘海珠，2019）。

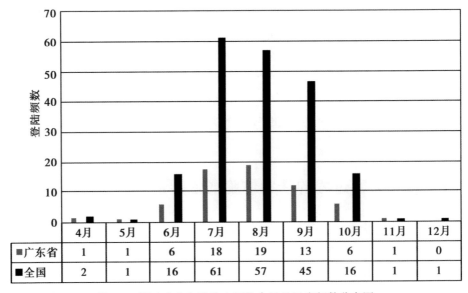

图 5.1　影响广东与登陆全国的台风月尺度频数分布图

　　对 2000—2017 年影响广东省的台风引起的受灾面积、倒塌房屋、直接经济损失以及死亡人口等灾情资料分别绘制其年际变化趋势图，受灾面积和倒塌房屋的年际变化情况如图 5.2 所示，直接经济损失和死亡人口的年际变化情况如图 5.3 所示。

　　由图 5.2 可以看出，2000—2017 年期间，农作物受灾面积是呈先增加后减少再增加的循环波动状态，整体为线性递增趋势。其中，2006 年和 2013 年

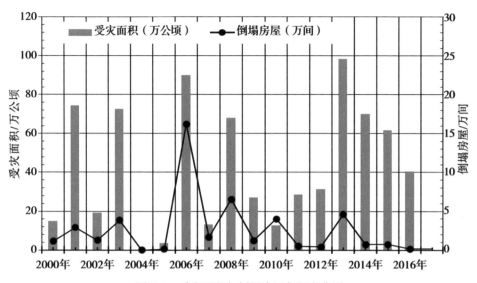

图 5.2 受灾面积与倒塌房屋年际变化图

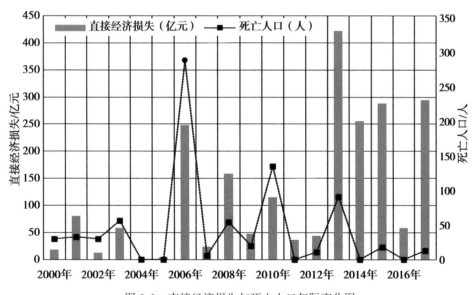

图 5.3 直接经济损失与死亡人口年际变化图

分别是受灾面积的两个最高点，受灾面积大于 90 万公顷。主要原因是 2006 年登陆的热带风暴包括台风 3 个，强热带风暴 1 个，其中 0601 号台风"珍珠"与

0606 号台风"派比安"分别在广东饶平与广东阳西登陆,最大风力均达到 12 级。0601 号台风"珍珠"造成广东东部地区出现了大暴雨,部分地区出现了特大暴雨,过程降雨量超过 400 毫米,导致 15.96 万公顷的农作物受灾;0606 号台风"派比安"给广东省大部分地区带来暴雨,局部特大暴雨,造成北江、东江、西江部分流域支流发生较大洪水,导致农作物受灾面积达到 39.05 万公顷。除此之外,0604 号台风"碧利斯"于 2006 年 7 月 14 日在福建省霞浦县登陆,导致粤东、粤北和珠江三角洲等地在 7 月 14 日出现 200~400 毫米的强降雨,其中潮州凤凰镇最大降雨量达到 587.4 毫米,导致农作物损失 26.9 万公顷(刘双,2019)。

倒塌房屋数量在 2000—2017 年期间存在较小的上下波动情况,但总体呈现下降趋势。除了 2006 年台风造成的房屋倒塌数量较大,为 16.2 万间,其余数年的房屋倒塌均未超过 7 万间。主要原因是 2006 年的 0604 号台风"碧利斯"强度较大,造成广东东部和珠江三角洲等地区 25 个站出现大风,尤其是韶关地区出现了百年一遇的严重洪涝灾害,多数地区发生严重的泥石流次生灾害,导致全省 16 个市,727 个乡镇受灾,房屋倒损 12.1 万间。虽然在 2007—2017 年期间,登陆的强台风与超强台风共有 8 个,但是每场台风造成的房屋倒塌情况远小于 0604 号"碧利斯"台风。考虑到社会经济的发展,近年来的房屋建设中充分结合了当地的自然环境与社会环境,综合考虑地震、台风以及泥石流等自然灾害的影响,采用新型技术和材料,在一定程度上减少了自然灾害对建筑物的破坏。因此,同样强度的台风对房屋的影响不同(刘双,2019)。

从图 5.3 中可以看出,直接经济损失呈现出上升和下降不断循环波动的状态,但是整体上表现为上升趋势。2013 年是数年来直接经济损失最为严重的年份,损失为 421.8 亿元,其次是 2017 年、2015 年、2013 年,直接经济损失分别为 294.5 亿元、288 亿元、248.05 亿元。与受灾面积和倒塌房屋相同,2006 年的台风灾害造成的直接经济损失亦为一个较高波峰,远高于相邻年份,且在 2013 年之前,广东省每年由于台风灾害造成的直接经济损失均小于 200 亿元。2017 年的直接经济损失主要是由于 1713 号强台风"天鸽"导致的,该强台风于 7 月 23 日在广东珠海登陆,登陆时的中心附近最大风力达到 45 米/秒(14 级),具有移动快速、近海加强、风强雨大、浪大潮高的特点,加之天文潮与风暴潮的叠加,导致广东省多处验潮站超历史实测最高潮位,超百年一遇,共造成 142 万人受灾,273.6 亿元的直接经济损失(刘双,2019)。

死亡人口与倒塌房屋的波动情况相似,整体呈现下降趋势,相较而言,死亡人口的变动幅度较大。死亡人口最高年份是 2006 年，台风灾害造成死亡人数达到 286 人。主要原因与倒塌房屋的情况相同，是由于 2006 年的"碧利斯"台风强度比较大，造成的灾情比较严重。其次死亡人数较高的是 2010 年，为 134 人，主要原因是 1011 号"凡比亚"台风导致广东 9 月 19 日自西向东普降暴雨到大暴雨，局部特大暴雨，最大降雨量达到 840 毫米，导致局部地区发生严重的洪涝灾害、山体滑坡以及泥石流等次生灾害，造成 152.5 万人受灾，128人死亡，6 人失踪。除 2006 年与 2010 年之外，其余年份台风灾害造成的人员伤亡数量均在 100 人以下。这也表示，随着政府对防灾减灾问题重视程度的增大以及社会群体越来越强的防灾意识，包括台风在内的各种自然灾害造成的死亡人数正逐渐降低。

5.1.2 构建脆弱性评价指标体系

基于指标体系的灾害脆弱性评估方法是目前脆弱性评估最常用的方法，它采用归纳的思路，选取具有代表性的指标组成指标体系，综合衡量区域面临自然灾害的脆弱性。严格来讲，该方法衡量的是脆弱性状态，即发生灾害时，与安全性对立的一面，反映了遭受灾害冲击时，区域或区域内特定承灾个体或系统对某种自然灾害表现出的易于受到伤害和损失的性质。

标准化是风险灾害评估过程中的一个重要环节。多指标评价的数据标准化过程中，不同指标的单位不同，数量级不同，不利于对结果的分析。因此，统一指标首先需要对所有评价指标进行标准化处理，以消除量纲，然后再进行评估分析。由于目前标准化处理方法种类较多，选取较为科学合理的标准化方法是保证评估结果公正客观的充分条件。指标无量纲化处理方法科学合理表现为：在消除量纲影响的同时，要保留各指标变异程度的信息，保证指标整体一致性和关联系数的一致性(徐建华，2004)。本节用到的标准化方法是 min-max 标准化，即离差标准化，是对原始数据的线性变换，转化函数为：

$$y = \frac{X - X_{\min}}{X_{\max} - X_{\min}} \tag{5.1}$$

式中，y 为标准化后的值，范围在 $[0, 1]$ 之间，X 为指标的初始值，$X_{\max}$ 为指标最大值，$X_{\min}$ 为指标最小值。

AHP 是 20 世纪 70 年代美国运筹学家 Satty T. 提出的一种将定性与定量分析相结合的多目标决策分析方法。AHP 将复杂的系统问题分解成多个层次，实际应用中将评估指标分为 3 个层次，最上层为目标层，是整个系统的预订评估目标；中间层是准则层，是实现整个评估系统所需要的中间环节；最底层是指标层，是实现整个系统目标的各种方案对策等。

层次分析法的建模步骤如算法 5.1 所示。

算法 5.1　层次分析法建模步骤

输入：评价指标 a_{ij}

输出：指标权重

AHmodel(a_{ij})

1　building hierarchical structure model

2　set judgement matrix = a_{ij}

3　for i in（1：n）do

4　　　a_{ij} = 1，2，…，9

5　　　a_{ij} = 1/a_{ij}

6　end

7　for judgement matrix > 0 do

8　　　CI =（λ_{max} −n）/（n−1）

9　　　CR = CI/RI

10　　if CR < 0.1 then

11　　　　break

12　　else

13　　　　go back to the beginning of current section；

14　　end

15　end

//1 建立递阶层次结构模型

//2~6 构建判断矩阵

//7~14 一致性检验

台风灾害脆弱性结构包含暴露性、敏感性和适应性(石勇，2010)。其中，暴露性指台风致灾因子与承灾体相互作用的结果，反映承灾体暴露在外部环境的性质；敏感性强调承灾体的本身性质，是由其物理性质决定的，是灾害发生

前就存在的；适应性主要表现为灾害发生时社会经济系统表现出来的抵御灾害的能力。

承灾体暴露性是承灾个体暴露在致灾因子下显示的性质，反映自然灾害对承灾体的具体影响。暴露性是承灾体内外特性的综合。承灾体只有暴露在自然灾害当中才可能产生损失，也就是说，暴露性是灾害风险产生的直接原因。承灾体暴露性表现为暴露在致灾因子影响范围内承灾体(如房屋、道路、人口、室内财产等)的数量或价值。考虑到数据的准确性及获取的难易程度，本研究主要采用人口密度、城镇人口比重、河网密度 3 个指标来衡量广东省的区域暴露性。为了消除不同数据量级的影响，对暴露性的每个指标进行数据标准化处理，再乘以相应指标的权重，最后采用加权平均法计算广东省区域台风灾害的暴露性。

敏感性强调承灾体易损的属性，是灾害发生之前就存在的。考虑到数据的准确性及获取的难易程度，以贫困人口、第一产业比重和失业人口 3 个指标来评估区域敏感性。

适应性，也就是应对能力，是在灾害发生过程中应对灾害的能力。考虑到数据的准确性及获取的难易程度，选取卫生技术人员、道路密度和居民人均可支配收入 3 个指标评估区域的适应性。

根据上述方法，承灾体脆弱性的评价指标权重计算结果见表 5.1。

表 5.1 承灾体脆弱性评价指标及其权重

维度层	权重	指标层	权重
暴露性	0.4111	人口密度	0.2216
		城镇人口比重	0.0673
		河网密度	0.1222
敏感性	0.3278	贫困人口	0.069
		第一产业比重	0.1798
		失业人口	0.079
应对能力	0.2611	卫生技术人员数	0.0836
		道路密度	0.032
		居民人均可支配收入	0.1455

5.1.3　承灾体脆弱性评估

不考虑与脆弱性相关的其他因子，将承灾体的暴露性、敏感性、适应性叠加，即为宏观意义上的脆弱性。在此，暴露性反映了广东省各市暴露在自然灾害下的总体状况，敏感性反映了城市承灾体自身的特性，适应性反映了城市社会经济系统在灾害面前的抵御能力。相比于相加叠加而言，相乘关系更能反映暴露性、敏感性、适应性与脆弱性的逻辑关系，因此，脆弱性计算公式如下：

$$V = \frac{E \cdot S}{A} \tag{5.2}$$

式中，V 表示承灾体脆弱性；E 表示承灾体暴露性；S 表示承灾体敏感性；A 表示承灾体适应性。

广东省各市脆弱性评估指标的计算结果见表 5.2。

表5.2　　　　　　　　　　　广东省各市脆弱性评估指标值

地区	暴露性	敏感性	适应性	脆弱性
潮州	0.016274	0.029526	0.003789	0.1268191
东莞	0.062872	0.006127	0.053959	0.0071386
佛山	0.052144	0.016374	0.05442	0.0156894
广州	0.041279	0.029398	0.078554	0.0154484
河源	0.003105	0.049285	0.001342	0.1140205
惠州	0.015656	0.029816	0.024204	0.0192865
江门	0.014999	0.036647	0.018116	0.0303436
揭阳	0.019082	0.039257	0.005202	0.1440055
茂名	0.007618	0.085557	0.008226	0.0792351
梅州	0.006508	0.079471	0.005717	0.0904545
清远	0.006188	0.068365	0.006848	0.0617794
汕头	0.045243	0.032536	0.012379	0.1189083
汕尾	0.011073	0.066843	0.00327	0.2263109
韶关	0.007068	0.053993	0.007981	0.0478139
深圳	0.096404	0.024513	0.074684	0.0316419
阳江	0.046609	0.066921	0.006559	0.4755346

地区	暴露性	敏感性	适应性	脆弱性
云浮	0.004396	0.071085	0.001255	0.2490634
湛江	0.005032	0.093034	0.009157	0.0511195
肇庆	0.005497	0.065799	0.009576	0.0377717
中山	0.039646	0.008401	0.044373	0.0075061
珠海	0.030238	0.009364	0.043876	0.0064538

计算结果表明，广东省整体的暴露性偏低，大部分城市的暴露性指数在0.04以下。其中，暴露性指数大于0.04的区域包括广州、汕头、阳江、佛山、东莞和深圳等6个城市，大多数属于广东省经济较为发达地区。此外，汕尾、江门、惠州、潮州、揭阳、珠海和中山等城市，暴露性指数位于0.01~0.04之间，属于广东省暴露性中等地区。同时，广州、汕头、阳江、佛山、东莞、深圳、汕尾、江门、惠州、潮州、揭阳、珠海以及中山等13个脆弱性较大的城市呈现出带状分布。暴露性指数较低的城市主要集中在广东省北部与西北部，包括河源、云浮、湛江、肇庆、清远、梅州、韶关和茂名，暴露性指数小于0.01。

从广东省各市敏感性情况来看，汕头、江门、揭阳、河源、韶关、肇庆、汕尾、阳江、清远、云浮、梅州、茂名、湛江等13个城市敏感性指数均大于0.03，亦呈现出带状分布。东莞、中山和珠海3个城市的敏感性处于最低水平，小于0.01。此外，敏感性指数在0.01~0.03之间的城市，分别是佛山、深圳、广州、潮州以及惠州，该区域敏感性位于中等水平。总的来说，2017年广东省有61.9%的城市敏感性指数大于0.03，敏感性水平整体较高。

广东省各市适应性情况为，2017年广东省适应性指数大于0.02的城市连片集中在全省的中部位置，包括惠州、珠海、中山、东莞、佛山、深圳、广州等7个城市，占总体的33.3%，以上7个城市也是广东省最为发达的地区。适应性指数在0.01~0.02之间的有江门、汕头两个城市，分别是0.018116、0.012379，处于适应性中等水平。云浮、河源、汕尾、潮州、梅州、揭阳、阳江、清远、韶光、茂名、湛江、肇庆等12个城市的适应性指数均小于0.01，呈现带状分布，是广东省应对能力最弱的城市。总的来说，广东省对台风灾害的应对能力较弱。

根据暴露性、敏感性和适应性的计算结果，得到广东省各市脆弱性空间分布图，如图 5.4 所示。由评价结果可知，2017 年广东省脆弱性指数大于 0.1 的城市比重约占 33.3%，分布较为分散，包括河源、汕头、潮州、揭阳、汕尾、云浮、阳江。其中，河源的承灾体脆弱性最低，脆弱性指数为 0.1140205；阳江的承灾体脆弱性最高，脆弱性指数为 0.4755346。此外，珠海、东莞、中山 3 个城市的脆弱性指数小于 0.01，承灾体脆弱性水平最低。脆弱性指数位于 0.01～0.1 的城市有广州、佛山、惠州、江门、深圳、肇庆、韶关、湛江、清远、茂名以及梅州等 11 个城市。总的来说，广东省承灾体脆弱性处于较低水平，能够有效地减少自然灾害损失。

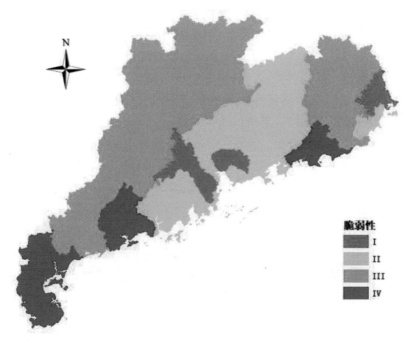

图 5.4　广东省各市脆弱性空间分布图

5.1.4　台风-内涝灾害链的脆弱性评估

利用影响广东省的台风过程，将灾害链强度作为自变量，受灾人口比重、受灾面积比重、直接经济损失比重以及综合灾情指数作为因变量，并利用 2006—2016 年的数据建立台风-内涝灾害链脆弱性曲线模型以及用于模型的回代评估检验，2017 年的数据用于模型的预评估检验。结果显示，回代评估的

"一致"准确率除直接经济损失比重外，均在 60% 以上，"基本一致"准确率除受灾人口比重为 97%，其他均为 100%；预评估的"一致"准确率除直接经济损失比重外，其他均为 50% 以上，但是预评估的结果与灾害实际等级差均在 1 个等级差以内，模型评价效果较好。

1. 灾害链强度模型

国内外有大量关于台风、洪涝灾害的致灾强度研究，但是多数只针对单个灾种，较少涉及台风-内涝灾害链的综合致灾强度研究。参考郭桂祯、温泉沛等人以及《降雨过程强度等级》等资料（郭桂祯等，2017；温泉沛等，2018），本研究采用"灾害链强度"这一概念来表示台风-内涝灾害链的综合致灾强度，包含降雨强度与大风强度两个部分。

将台风过程中的灾害链强度分为降雨强度和大风强度两部分（欧进萍等，2002；丁燕等，2002），并分别进行计算。表征降雨强度的指标较多，主要包括过程总降雨量、日最大降雨量、1h 最大降雨量等（丁燕，2002）。有学者对上海台风大风与灾情关系进行分析，结果表明，台风的受灾程度与最大风速有很好的正相关关系（孟菲等，2007）。结合《降雨过程强度等级》，本节采用日平均降雨量与日最大降雨量计算台风过程的降雨强度，如下所示：

$$R_r = \frac{\sum_{i=1}^{n} (r_{\max})_i + \sum_{i=1}^{n} \left(\frac{\sum_{j=1}^{m} r_j}{m}\right)_i}{2n} \tag{5.3}$$

式中，R_r 代表降雨强度；n 代表广东省的测站数，i 的取值范围在 $[1, n]$；$(r_{\max})_i$ 代表该台风过程中第 i 个测站的最大日降雨量（毫米）；r_j 代表该台风过程中第 i 个测站第 j 天的日降雨量（毫米）；m 代表该台风过程的持续时间（天数），j 的取值范围在 $[1, m]$。

结合《热带气旋等级标准》（GB/T 19201—2006），本章将台风过程中 n 个测站的最大风速定义为大风强度 R_w，即台风风力，见表 5.3。

表 5.3 　　　　　　　　　　　　大风强度等级划分

大风强度 R_w	等级类型	平均风速（m/s）	风力（级）
6~7	热带低压	10.8~17.1	6~7
8~9	热带风暴	17.2~24.4	8~9

续表

大风强度 R_w	等级类型	平均风速(m/s)	风力(级)
10~11	强热带风暴	24.5~32.6	10~11
12~13	台风	32.7~41.4	12~13
14~15	强台风	41.5~50.9	14~15
≥16	超强台风	≥51.0	≥16

采用 2000—2017 年广东省 36 个测站的日降雨量和风力数据，分别计算降雨强度和大风强度，最终得到台风的灾害链强度。灾害链强度模型如下所示：

$$R = R_r + R_w \tag{5.4}$$

式中，R 表示灾害链强度；R_r 代表降雨强度；R_w 表示大风强度。

2. 灾情指数模型

参照于庆东等的自然灾害相对灾情单指标分级标准(于庆东等，1997)，得到台风灾情的五个等级，分别是微灾、小灾、中灾、大灾以及巨灾，各灾情指标的分级标准见表 5.4。

表 5.4   **各灾情指标分级标准**

灾害等级	受灾人口比重(%)	受灾面积比重(%)	直接经济损失比重(%)
微灾	(0.004, 0.04]	(0.004, 0.04]	(0.004, 0.01]
小灾	(0.04, 0.4]	(0.04, 0.4]	(0.01, 0.1]
中灾	(0.4, 4]	(0.4, 4]	(0.1, 1]
大灾	(4, 40]	(4, 40]	(1, 10]
巨灾	(40, 100]	(40, 100]	(10, +∞)

注：受灾人口比重是指受灾人口占区域总人口的比重；受灾面积比重是指受灾面积占区域播种面积的比重；直接经济损失比重是指经济损失占区域生产总值的比重。

为了统一不同的灾情指标划分自然灾害等级的标准，引入相应的转换函数对表 5.4 的分级指标进行等价变换，以便简化分级模型(温泉沛等，2018)，见表 5.5。

灾害等级	转换函数值
微灾	(0, 0.2]
小灾	(0.2, 0.4]
中灾	(0.4, 0.6]
大灾	(0.6, 0.8]
巨灾	(0.8, 1.0]

表 5.5　　　　　　　　　　灾情指标的统一分级标准

对受灾人口比重与受灾面积比重引入如下转换函数：

$$U(x) = \begin{cases} 0.8 + \dfrac{1}{300}(x - 40), & 40 < x \leq 100 \\ 0.2\lg(10^3 x/4), & 0.004 < x \leq 40 \\ 0, & x \leq 0.004 \end{cases} \qquad (5.5)$$

式中，x 表示受灾人口比重或受灾面积比重；$U(x)$ 表示受灾人口比重或受灾面积比重对灾情等级的转换函数值。

对直接经济损失比重引入如下转换函数：

$$U(y) = \begin{cases} 0.8 + \dfrac{1}{300}(4y - 40), & 10 < y \leq 25 \\ 0.2\lg(10^3 y), & 0.001 < y \leq 10 \\ 0, & y \leq 0.001 \end{cases} \qquad (5.6)$$

式中，y 表示直接经济损失比重，$U(y)$ 表示直接经济损失比重对灾情等级的转换函数值。

3. 综合灾情指数

由于灰色关联理论是针对"少数据不确定性"问题提出的，使得决策者不易确定因子之间的数量关系，从而引入灰色关联分析法。基于灰色关联理论的灰色关联分析法是一种综合评价方法，它是根据因素之间发展态势的相似或者相异程度来衡量因子间的关联程度。灰色关联分析法的模型不是函数模型，而是序关系模型；灰色关联分析法注重的不是数值本身，而是数值大小所表示的序关系。也就是说，灰色关联分析过程是先获取序列间的差异信息，建立差异信息空间，然后计算差异信息的灰关联度，从而建立因素间的

145

序关系。

设参考序列为：$U_0 = (u_{0j})$，$(u_{0j} = 1, j = 1, 2, 3, \cdots, m)$，比较序列为 $U_i = (u_{ij})$，$(i = 1, 2, 3, \cdots, n, j = 1, 2, 3, \cdots, m)$。其中，参考序列表示灾害的各单项指标的转换函数值皆为 1，属于巨灾标准。通过参考灰色关联分析法对受灾人口比重、受灾面积比重及直接经济损失比重的转换函数值进行分析，比较各次灾害的转换函数值序列 U_i 与参考序列 U_0 的关联(接近程度)，计算出关联度，并将关联度定义为综合灾情指数 Z(杨仕生，1997)。

(1)计算关联系数：

$$\begin{cases} a_{0i}(j) = \dfrac{1}{1 + \Delta_{0i}(j)} \\ \Delta_{0i}(j) = |U_0(u_{0j}) - U_i(u_{ij})| \end{cases} \qquad (5.7)$$

式中，$a_{0i}(j)$ 表示比较序列 U_i 与参考序列 U_0 各指标之间的关联系数；$\Delta_{0i}(j)$ 表示参考序列 U_0 与比较序列 U_i 的第 j 项指标绝对差值，$\Delta_{0i}(j)$ 的值越大，表明该项指标与参考序列中的同一项指标的距离较大，那么关联系数就越小；反之，$\Delta_{0i}(j)$ 的值越小，表明该项指标与参考序列中的同一项指标的距离较小，那么关联系数就越大。因为 $\Delta_{0i}(j)$ 的取值范围为 $[0, 1]$，因此关联系数 $a_{0i}(j)$ 的取值范围为 $[0.5, 1]$。

(2)计算关联度：

由于有多项评估指标，信息过于分散，不便于比较，因此可以将多个关联系数都体现在一个值上，即为关联度，采用等权处理的计算方法如下：

$$r_{0i} = \frac{1}{m} \sum_{j=1}^{m} a_{0i}(j) \qquad (5.8)$$

式中，r_{0i} 表示参考序列与比较序列的关联程度；m 表示评价指标的个数。

根据上述内容可以得出关联度，即综合灾情指数的取值范围为 $[0.5, 1]$，也就是说综合灾情指数越大，说明灾情越严重；综合灾情指数越小，灾情越轻。综合灾情指数的等级划分见表 5.6。

表 5.6 综合灾情指数等级划分

灾害等级	微灾	小灾	中灾	大灾	巨灾
关联度	$[0.5, 0.6]$	$(0.6, 0.7]$	$(0.7, 0.8]$	$(0.8, 0.9]$	$(0.9, 1.0]$

4. 广东省台风-内涝灾害链脆弱性曲线实例

由于 2008 年 0817 号台风"海高斯"导致广东省 0.07 万人受灾，1 人死亡，无房屋倒塌，0.04 万公顷农作物受灾，直接经济损失 0.01 亿元，但是受灾人口比重、受灾面积比重、直接经济损失比重与其他台风相比极小，所以此次台风忽略不计。因此，将 2006—2017 年影响广东省的 49 次台风造成的受灾人口比重、受灾面积比重、直接经济损失比重以及综合灾情指数等 4 个指标与其对应的灾害链强度 S 数据进行 Pearson 相关性分析，结果见表 5.7。

表 5.7　　　　　　　　　　　　　　相关性分析

指标	受灾人口比重	受灾面积比重	直接经济损失比重	综合灾情指数
r 值	0.524**	0.487**	0.533**	0.624**

注：** 表示相关性在 0.01 上是显著的。

如表 5.7 所示，这 4 个指标均通过 0.01 水平的显著性检验。其中，综合灾情指数与灾害链强度之间呈现强相关；受灾人口比重、受灾面积比重、直接经济损失比重与灾害链强度之间呈现中等程度相关。因此，最终选取灾害链强度 S 作为自变量致灾因子，受灾人口比重、受灾面积比重、直接经济损失比重以及综合灾情指数 Z 作为因变量损失数据，拟合台风-内涝灾害链强度与不同承灾体损失情况的关系曲线，即脆弱性曲线。

利用 2006—2017 年广东省 36 个站逐日降雨和风力数据，对广东省的台风过程进行统计，其中选取 2006—2016 年的灾害链强度作为构建台风-内涝灾害链脆弱性曲线模型的自变量，而 2017 年的灾害链强度则用来检验台风-内涝灾害链脆弱性模型的应用效果。对 2006—2017 年 49 次台风的降雨强度、大风强度以及灾害链强度进行了统计：2013 年 8 月 14 日—8 月 19 日的台风"尤特"灾害链强度最大，为 87.39，降雨强度与大风强度分别是 76.39 与 11；其次是 2006 年 7 月 14 日—7 月 17 日的台风"碧利斯"，降雨强度是 69.8，大风强度是 7，灾害链强度是 76.8。

由表 5.8 可以看出，这 49 次台风灾害的综合灾情指数位于 0.5～0.7 之间，灾害集中于微灾与小灾等级，分别占 49% 与 51%。2006 年 7 月 14 日—7 月 17 日的台风"碧利斯"灾害造成的灾情最为严重，受灾人口比重、受灾面积比重、直接经济损失比重也是历年最大的，综合灾情指数将近 0.7，其次是

2013 年 8 月 14 日—19 日的台风"尤特"。

表 5.8　　　　　　　**2006—2017 年广东省台风灾情因子分析**

台风名称	受灾人口比重	受灾面积比重	直接经济损失比重	综合灾情指数
0601"珍珠"	8.2651	0.2428	0.1664	0.6664
0604"碧利斯"	8.2821	0.4092	0.5	0.6862
0605"格美"	2.1757	0.1244	0.0426	0.6245
0606"派比安"	5.525	0.594	0.2165	0.6733
0707"帕布"	1.2059	0.1986	0.0714	0.6269
0709"圣帕"	0.0714	0.0062	0.0036	0.5369
0801"浣熊"	0.8147	0.059	0.0124	0.5925
0806"风神"	0.7849	0.1449	0.0576	0.6160
0808"凤凰"	1.0768	0.0707	0.0184	0.6014
0809"北冕"	1.9659	0.0962	0.0163	0.6111
0812"鹦鹉"	1.3342	0.092	0.1147	0.6258
0814"黑格比"	7.8628	0.5987	0.2089	0.6785
0903"莲花"	0.0946	0.0056	0.0189	0.5534
0904"浪卡"	0.0346	0.0051	0.0009	0.5191
0905"苏迪罗"	0.0518	0.0017	0.0012	0.5219
0906"莫拉菲"	1.0329	0.0661	0.0116	0.5960
0907"天鹅"	0.8764	0.178	0.0261	0.6113
0913"彩虹"	0.0031	0.0033	0.0005	0.5000
0915"巨爵"	1.6566	0.1613	0.0599	0.6270
1003"灿都"	4.0887	0.0896	0.1207	0.6416
1006"狮子山"	0.6015	0.0291	0.0107	0.5813
1011"凡亚比"	1.4606	0.0754	0.1154	0.6251
1013"鲇鱼"	0.0064	0.0036	0.0006	0.5035
1104"海马"	0.0086	0.0016	0.0002	0.5057

续表

台风名称	受灾人口比重	受灾面积比重	直接经济损失比重	综合灾情指数
1117"纳沙"	2.4779	0.4492	0.0677	0.6449
1208"韦森特"	0.9118	0.1004	0.0323	0.6082
1213"启德"	2.0172	0.3907	0.0442	0.6360
1306"温比亚"	1.5596	0.2687	0.0167	0.6188
1307"苏力"	0.4322	0.0189	0.0092	0.5723
1309"飞燕"	0.1654	0.0016	0.0006	0.5321
1311"尤特"	8.6199	0.7386	0.2661	0.6855
1319"天兔"	9.2165	0.3929	0.3717	0.6836
1330"海燕"	0.1841	0.1273	0.0014	0.5653
1407"海贝思"	0.2369	0.03	0.0108	0.5711
1409"威马逊"	1.933	0.3566	0.223	0.6527
1410"麦德姆"	0.6108	0.0631	0.0189	0.5936
1415"海鸥"	2.39	0.6548	0.1185	0.6551
1510"莲花"	1.8702	0.1526	0.0234	0.6185
1522"彩虹"	3.7847	0.8281	0.3664	0.6783
1604"妮妲"	0.451	0.0654	0.0073	0.5818
1608"电母"	0.0518	0.0128	0.0024	0.5361
1621"莎莉嘉"	0.2127	0.177	0.0062	0.5819
1622"海马"	1.8383	0.389	0.057	0.6373
1702"苗柏"	0.1074	0.03	0.0033	0.5530
1709"纳沙" 1710"海棠"	0.0752	0.0032	0.0006	0.5243
1713"天鸽"	1.275	0.1009	0.305	0.6379
1714"帕卡"	0.0698	0.0189	0.0076	0.5518
1716"玛娃"	0.0287	0.0016	0.0001	0.5156
1720"卡努"	0.6491	0.1577	0.0117	0.5989

5.2　台风灾情评估

利用台风灾害综合评判等级模型，选取受台风灾害影响的农作物受灾面积、死亡人数、倒损房屋和直接经济损失 4 个指标进行综合性评判。

5.2.1　台风灾害指标等级

2018 年发布的《全国气象灾情收集上报调查和评估规定》中的第五条，气象灾害评估分级处置标准按照人员伤亡、经济损失的大小，分为 4 个等级：

①特大型：因灾死亡 100 人（含）以上或者伤亡总数 300 人（含）以上，或者直接经济损失 10 亿元（含）以上的；②大型：因灾死亡 30 人（含）以上 100 人以下，或者伤亡总数 100 人（含）以上 300 人以下，或者直接经济损失 1 亿元（含）以上 10 亿元以下的；③中型：因灾死亡 3 人（含）以上 30 人以下，或者伤亡总数 30 人（含）以上 100 人以下，或者直接经济损失 1000 万元（含）以上 1亿元以下的；④小型：因灾死亡 1（含）到 3 人，或者伤亡总数 10 人（含）以上 30 人以下，或者直接经济损失 100 万元（含）以上 1000 万元以下的。

《中华人民共和国气象行业标准台风灾害综合等级划分》中根据台风灾害基本情况和社会影响等选取了 4 个台风灾害等级评判指标，分别是受台风灾害影响的农作物受灾面积、死亡人数、倒损房屋（包括倒塌房屋和损坏房屋）以及直接经济损失，并对台风灾害单项指标等级进行了划分，见表 5.9。

表 5.9　　　　　　　　　　台风灾情单项指标等级标准

灾害等级 指标类型	农作物受灾面积 （公顷）	死亡人数 （人）	倒损房屋 （间）	直接经济损失 （元）
特大型	$(10^6,\ +\infty)$	$(10^2,\ +\infty)$	$(2\times10^5,\ +\infty)$	$(10^9,\ +\infty)$
大型	$(10^5,\ 10^6)$	$(30,\ 10^2)$	$(10^5,\ 2\times10^5)$	$(10^8,\ 10^9)$
中型	$(10^4,\ 10^5)$	$(10,\ 30)$	$(3\times10^4,\ 10^5)$	$(10^7,\ 10^8)$
小型	$(10^3,\ 10^4)$	$(3,\ 10)$	$(3\times10^3,\ 3\times10^4)$	$(10^6,\ 10^7)$
微型	$(10^2,\ 10^3)$	$(1,\ 3)$	$(1,\ 3\times10^3)$	$(10^5,\ 10^6)$

将农作物受灾面积、死亡人数、倒损房屋（包括倒塌房屋和损坏房屋）以及直接经济损失四个指标进行归一化处理，应用转换函数，使各个指标的值转换后处于

0~1 之间。台风灾害等级与单项指标转换函数值之间的对应指标为：特大型(0.8，1)、大型(0.6，0.8)、中型(0.4，0.6)、小型(0.2，0.4)、微型(0，0.2)。

4 个指标的转换函数如下(lg 表示取对数)：

(1)农作物受灾面积(x_{1i}，单位为公顷)的转换函数：

$$U_{1i} = \begin{cases} 1, & 10^7 < x_{1i} \\ 0.2\lg\dfrac{x_{1i}}{100}, & 10^2 < x_{1i} \leq 10^7 \\ 0, & x_{1i} \leq 10^2 \end{cases} \tag{5.9}$$

(2)死亡人数(x_{2i}，单位为人)的转换函数：

$$U_{2i} = \begin{cases} 1, & 10^3 < x_{2i} \\ 0.8 + \dfrac{1}{10}\lg\dfrac{x_{2i}}{10}, & 10^2 < x_{2i} \leq 10^3 \\ 0.6 + \dfrac{1}{360}(x_{2i} - 30), & 30 < x_{2i} \leq 10^2 \\ 0.4 + \dfrac{1}{100}(x_{2i} - 10), & 10 < x_{2i} \leq 30 \\ 0.2 + \dfrac{1}{35}(x_{2i} - 3), & 3 < x_{2i} \leq 10 \\ 0.1(x_{2i} - 1), & 1 < x_{2i} \leq 3 \\ 0, & x_{2i} \leq 1 \end{cases} \tag{5.10}$$

(3)倒损房屋(x_{3i}，单位为间)的转换函数：

$$U_{3i} = \begin{cases} 1, & 10^6 < x_{3i} \\ 0.8 + \dfrac{1}{4 \times 10^7}(x_{3i} - 2 \times 10^5), & 2 \times 10^5 < x_{3i} \leq 10^6 \\ 0.6 + \dfrac{1}{5 \times 10^5}(x_{3i} - 10^5), & 10^5 < x_{3i} \leq 2 \times 10^5 \\ 0.4 + \dfrac{1}{3.5 \times 10^5}(x_{3i} - 3 \times 10^4), & 3 \times 10^4 < x_{3i} \leq 10^5 \\ 0.2 + 0.2\lg\dfrac{x_{3i}}{3000}, & 3000 < x_{3i} \leq 30000 \\ 0.2\lg\dfrac{x_{3i}}{300}, & 1 < x_{3i} \leq 3000 \\ 0, & x_{3i} \leq 1 \end{cases} \tag{5.11}$$

(4)直接经济损失(x_{4i}，单位为元)的转换函数：

$$U_{4i} = \begin{cases} 1, & 10^{10} < x_{4i} \\ 0.2\lg\dfrac{x_{4i}}{10^5}, & 10^5 < x_{4i} \leqslant 10^{10} \\ 0, & x_{4i} \leqslant 10^5 \end{cases} \quad (5.12)$$

式中，U_{mi} 表示第 m 个单项指标的第 i 个灾害个例转换后的函数值，x_{mi} 表示第 m 个单项指标的第 i 个灾害值。

5.2.2　台风灾害综合评判等级模型

灰色关联分析法（GRA）是广泛使用的灰色系统理论模型之一。GRA 使用特定的信息概念，将没有信息的情况定义为黑色，将具有完美信息的情况定义为白色。然而，这些理想情况都不会发生在现实世界的问题中，因此这些极端之间的情况被描述为灰色。灰色系统意味着一个系统中部分信息是已知的，部分信息是未知的。根据这一定义，信息数量和质量形成了从完全缺乏信息到完整信息的连续统一体，即从黑色到灰色再到白色。依据这一理论，对数据进行无量纲处理，引入关联系数：

$$\begin{cases} \lambda_{0i}(i) = \dfrac{1}{1 + \Delta_{0i}(i)} \\ \Delta_{0i}(i) = |U_{0i}(x_{0i}) - U(x_{mi})|, \quad (m = 1, 2, \cdots, M; i = 1, 2, \cdots, I) \end{cases}$$

$$(5.13)$$

式中，$U_{0i}(x_{0i})$ （$i = 1, 2, \cdots, I$）） 为参考序列，其含义是因灾害农作物的受灾面积大于 1000 万公顷，死亡人数大于 1000 人，倒损房屋大于 100 万间，直接经济损失大于 100 亿元人民币，则各项单项指标的转换函数值均为 1，即将此类灾害假设为标准的巨灾。$U(x_{mi})$，（$m = 1, 2, \cdots, M; i = 1, 2, \cdots, I$）为比较序列，本节为各个转换指标的转换函数值。$\Delta_{0i}(i)$ 为参考序列 $U_{0i}(x_{0i})$ 和转换指标的转换函数值 $U(x_{mi})$ 之间的绝对差值，从关联系数的公式可以看出，$\Delta_{0i}(i)$ 的值越大，关联系数就越小，反之，$\Delta_{0i}(i)$ 的值越小，关联系数就越大，且关联系数 $\lambda_{0i}(i)$ 的值在 0.5~1 之间。

灰色关联分析方法的关联系数仅表示了台风灾害的各个单项指标与巨灾的各个单项指标之间的关联关系，信息过于分散且不利于比较，因此需在此基础上，将每一个单项指标的关联系数整合在一起形成一个综合关联值并命名为综合关联度，通过等权处理的平均值法计算综合关联度：

$$\alpha_{0i} = \frac{1}{M} \sum_{i=1}^{M} \lambda_{0i}(i) \quad (5.14)$$

式中，α_{0i} 为综合关联度，M 为选取的灾害指标总数，i 为单项指标的灾害个例序列。

综合关联度 α_{0i} 反映了参考序列与比较序列中各个单项指标的关联系数总和的平均值，能够较为集中和客观地表示比较序列与参考序列之间的关联程度。若综合关联度 α_{0i} 越大，则灾情越严重，反之，综合关联度 α_{0i} 越小，则灾情越轻，且综合关联度 α_{0i} 的值在 0.5~1 之间。因此，我们可以用综合关联度 α_{0i} 的值对灾害等级进行划分：特大型(0.9，1)，大型(0.8，0.9)，中型(0.7，0.8)，小型(0.6，0.7)，微型(0.5，0.6)。

5.2.3　台风"山竹"灾害影响程度评估

根数上述台风灾害综合评判等级模型，对台风"山竹"的灾害影响进行评判。将台风"山竹"灾害影响的农作物受灾面积、死亡人数、倒损房屋和直接经济损失等灾害数据这 4 个单项指标代入模型，评估台风"山竹"灾害等级。

因台风"山竹"灾害的农作物受灾面积为 174.4 千公顷，死亡人数为 6 人，倒损房屋 5500 间，直接经济损失 136.8 亿元，通过分析得出其综合关联度为 0.5466，灾害等级为微型灾害。

但通过对台风"山竹"灾害影响程度进行评估，发现其灾害等级为微型灾害，与我们预期的结果不同。通过分析可知，台风"山竹"所造成的公众心理阴影要大于其所造成的社会损害。当人们提起台风"山竹"时，脑海中浮现的主要是"强大的威胁"、"恐惧"、"可怕"等消极词汇，所以公众内心会不由自主地放大台风"山竹"的灾害影响程度。台风"山竹"灾害影响程度评估结果为微型灾害的原因主要有以下几点：

（1）公众的安全意识和防灾减灾能力增强。

在台风来临前，受台风影响地区的群众为防止门窗玻璃破碎跌落，用胶带和木板加固门窗，更有群众为防止自家玻璃掉落砸到人，不惜用铁丝绑住窗户；另外，群众为保证受台风影响期间有充足的粮食和饮用水，储备了足够的粮食和饮用水，超市的泡面、矿泉水被清空。台风来临时，群众待在家中或庇护所等安全区域避险，并主动寻求政府帮助；更有群众准备了皮艇和冲锋舟等应急救援工具。台风来临后，群众自发清理垃圾、进行卫生防疫等。

（2）台风预警服务和预报技术的发展。

2018 年台风活动季节前，国家气象中心首次组织台风预报员和专家到海南进行台风科普访问，向全省初中生和高中生讲解台风、预警和灾害的基本知识。这是为了给校园安全教育增添活力，帮助学生提高防灾减灾意识，更好地拯救自己和他人。与此同时，国家气象中心在台风季节期间在其新媒体平台上发布了台风科普贴士。天气预报员详细阐述了台风灾害的特点，以及台风预报和早期涉水产品的解释和使用。他们还对公众意识和知识进行了调查。这些外展活动大大提高了学生和一般公众的认识，使他们做好了充分的准备，这反过来又有助于提供服务和防灾减灾工作。

与此同时，台风预报技术也得到快速发展，例如：

①FY-4A 卫星观测增强了业务预测能力，FY-4A 能够每 15 分钟向选定地区提供 GIIRS 观测。研究者将登陆台风降水预报模型与开发轨道相似面积指数应用于登陆台风降水预报试验中，在此基础上建立了基于路径相似的登陆热带气旋降水动态-统计集成预报模型，并对其在登陆台风降水预报中的运行情况进行了测试，从而加强了基于数值天气预报的台风预报指导。

②台风数值模拟与资料同化研究进展顺利，不仅对南海台风模式的垂直分辨率对台风预报结果的影响进行了研究，还完成了新版本台风模式的技术升级和初步评估。除了分辨率得到提高外，先前的台风业务模拟技术也获得全面升级。

③2018 年 9 月，中国气象科学院与热带气象研究所、广东市气象局和茂名气象局合作，在广东博河台风观测实验基地进行了台风"山竹"协调观测的科学实验。在这次项目中，全球定位系统探测每三个小时启动一次，并进行了基于视频的观测。南京大学移动多普勒雷达成功捕获了台风"山竹"的外围雨带，海上观测平台正常工作。同时，在香港天文台的合作下，它发布了音效降落伞。随着台风"山竹"的临近，整个观测实验被转换为一种无人驾驶的模式，用于非相互间的观测。

（3）政府有力的救灾抗灾措施。

国家通过应急管理加强台风灾害风险管理能力，中华人民共和国应急管理部是统一指挥的专用框架，同时全国各乡镇都及时上报自然灾害实际情况，提供与台风有关的灾害造成的死亡和直接灾害经济损失的可靠统计数据，加强成员的减灾技术和管理策略，评估减少台风灾害风险的社会经济效益。同时，政府还通过发布警告、应急响应、防御台风报道、人员转移，设置应急避难所、抗洪排涝、实行"三停"、卫生防疫、救灾复产、社会慰问和宣传教育等救灾抗灾措施，有效降低了伤亡人数，减少了房屋倒损和保护了人民群众的生命财产安全。

5.3 台风灾害的社会响应

社会响应来源于管理学范畴，原意是指当社会状况发生变化时，企业对其的适应能力。社会响应是由社会道德伦理标准引导的企业对社会呼吁的响应，能够为企业管理者提供一个更加科学的决策指南。本书将这一名称引申到台风风暴潮灾害中，台风灾害的社会响应是指公众对台风风暴潮灾害的认识及适应和政府对台风风暴潮灾害的对策，包括台风的防灾、减灾、抗灾和救灾等措施。因此，台风的社会响应即包括公众对台风的认识和相应的对策，也包括政府的相关政策和措施(施程，2014)。

在以往的应急管理中，应急管理者往往通过个人的经验和直觉判断是否需要以及如何进行社会动员、引导与协调，缺少灾害民意调查，无法根据公众的需要进行合理及时的救灾减灾。当前我国评估因灾害而产生的社会影响主要通过调查问卷分析和统计年鉴数据分析，需要花费巨大的人力物力进行实地调研和问卷调查来获取灾害给公众带来的社会影响，这些方法所获取的民意往往存在成本高、时效性不足和参与主体局限等缺点。随着微博、微信、博客等社交软件的出现和兴起，公众更主动、也更喜欢在这些社交媒体平台上自由地表达自己对某一灾害事件的自身感受和想法。因此，通过收集社交媒体平台上的有关数据，能够有效避免上述成本高、时效性不足和参与主体局限等问题，能够帮助我们更好地认识某一灾害的社会响应。

5.3.1 社会响应的影响因子

台风灾害社会响应的影响因子主要包括台风灾害的严重程度、政府的救灾抗灾力度和公众的行为变化。通过分析台风社会响应的影响因子，能够更加全面和客观地了解台风的社会响应情况。

1. 灾情严重程度

由于台风"山竹"的影响，在广东、广西、江苏、浙江和福建5省的89条中小型河流中，暴雨使警戒线以上水位上升0.01~3.39m，超过太湖附近和杭嘉湖地区9个站点的保证水位。广东的莫阳河遭受了过去30年来最严重的洪水袭击。在广东沿海，有24个潮汐观测站点在报警线以上0.09~1.78m处有潮汐，其中，珠海白窖、广州中大、东莞大生、中山恒门等12个地点，均创历史新高，超过报警线以上0.04~0.56m(刘海珠，2019)。

台风"山竹"给中国香港带来了洪水，超过 47000 棵树倒落，889 次国际航班取消或被延迟，超过 200 人受伤。在中国澳门地区，台风"山竹"导致约 21000 户家庭断电，7000 户家庭断网和 40 人受伤，澳门损失总额为 15.5 亿澳门币（1.919 亿美元）。此次台风，中国内地共有 6 人死亡，超过 245 万人撤离，损失总额为 136.8 亿元人民币（合 19.9 亿美元）。

台风"山竹"的灾害影响程度的评估结果为微型，原因是公众的安全意识和防灾减灾能力日益增强，台风预警服务和预报技术的快速发展和政府有力的救灾抗灾措施，有效降低了伤亡人数，减少了房屋倒损和保障了人民群众的生命财产安全。

2. 政府救灾抗灾措施

2018 年 9 月 14 日，中国香港特别行政区政府举行罕见的跨部门新闻发布会，就超级台风"山竹"的准备工作，提醒香港市民"做好应对最坏的准备"。9 月 15 日，广东省大部分城市的气象局向台风"山竹"发出红色警报，这是广东最高级别的警报。广西气象局也在当日 17：00 发布了台风红色警报。福建省气象局也对台风发出了橙色警报，这是第二高的警戒级别。第二天，深圳市气象局发布了暴雨红色警报，这是深圳最高级别的警报。广东省广州市自 1978 年以来首次关闭了整个城市的商业服务市场。9 月 16 日，香港天文台发出十号风球信号，这是在香港最高级别的热带气旋警告信号，也是自 1999 年以来第三次发出十号风球警告信号。CMA 国家气象中心重新启动了台风"山竹"的红色预警，这是中国最高级别的警报。同一天，海南省气象局对台风发出了橙色警报。2018 年 9 月 11 日，广东省防总启动应急响应，各级领导干部轮班值守，随时对台风灾情进行应对和处理。各新闻媒体体现出社会责任意识，及时播报权威部门对台风"山竹"登陆前、登陆时和登陆后的相关信息，对于台风"山竹"等不实信息进行辟谣，及时更新台风"山竹"的最新状况。对于台风"山竹"灾害，政府采取的救灾抗灾措施详见表 5.10。

表 5.10　　　　　　　　**台风"山竹"灾害政府救灾抗灾措施**

救灾措施	主 要 内 容
发布警告	9 月 15 日，广东省大部分城市的气象局向台风"山竹"发出红色警报； 9 月 16 日，香港天文台发出十号风球信号。

续表

救灾措施	主　要　内　容
应急响应	2018年9月11日，广东省防总启动应急响应，各级领导干部轮班值守，随时对台风灾情进行应对和处理。
防御台风报道	各新闻媒体体现出社会责任意识，及时刊播权威部门对台风"山竹"登陆前、登陆时和登陆后的相关信息。
人员转移，设置应急避难所	2018年9月14日香港设置了48个临时庇护站，并有1219人在庇护所避难； 内地超过245万人被撤离到学校、体育馆等安全区域，政府并为撤离人员提供了足够的饮用水和食物。
抗洪排涝	应急管理部调派数千名消防官兵进行防风抗台，抗洪排涝，科学安排动力设备，合理设置排水点位，加强小区、道路等重点区域的排水工作。
实行三停	在台风"山竹"Ⅰ级应急响应期间，广州市全市实行"三停"，即停工(业)、停产、停课。
卫生防疫	加强疫病防治工作，加强食品、饮用水水源及自来水厂出水水质监测，做好受灾地区清毒、防疫工作，确保大灾过后无大疫。
救灾复产	全面排查消除安全隐患，防范次生灾害，加快抢修恢复电力等基础设施，尽快恢复群众生产生活秩序。
社会慰问	国家主席习近平向台风灾害遇难者表示哀悼，向遇难者家属、受灾群众和受台风影响的人民致以慰问；广东省渔业互保协会致电灾区渔民，进行慰问，并为渔民提供理赔服务。
宣传教育	加强宣传教育，提高市民安全意识和防灾减灾能力。

3. 公众的行为变化

在台风"山竹"的灾害中，公众的行为变化主要有以下几点：

(1)公众的自救和抗灾能力。在台风来临前，公众积极储备粮食和饮用水、用胶带和木板加固门窗；台风来临时，公众待在家中或庇护所等安全区域避险、主动寻求政府帮助；灾后清理垃圾、进行卫生防疫等。

(2)复产情况。在台风来临后，公众自主修补损坏房屋，补充粮食和饮用水，及时恢复生产生活秩序。

(3)社会稳定的变化。在台风灾害的影响下，当公众的生命财产安全无法得到足够的保障时，便会激起社会矛盾，导致社会动荡不稳定。同时，由于台风灾害的影响，农作物大面积受损，导致物价上涨，公众便会心生埋怨之情。

5.3.2　社会响应分析框架

台风"山竹"社会响应分析框架主要由微博话题数据获取，台风"山竹"社会响应广度、深度和焦点四个部分组成，各部分的关系如图 5.5 所示。

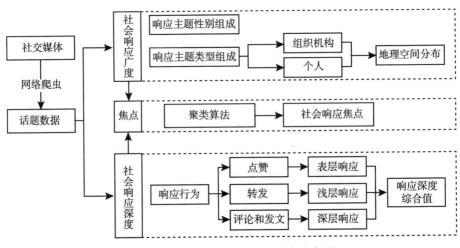

图 5.5　台风"山竹"社会响应分析框架图

台风"山竹"社会响应分析的数据源微博话题数据通过网络爬虫的方式获取，并形成微博话题数据库。社会响应的广度是指社会响应主体的范围，包括响应主体的性别组成、响应主体的类型组成和响应主体的地理空间分布等，社会响应的广度反映了台风"山竹"的社会关注程度和认知广度。社会响应的深度是指社会响应的程度，通过某些响应行为指标反映其响应程度，若微博博主对台风"山竹"话题的内容仅是点赞，说明其对相关内容进行了简略的了解并表现出轻微的感情倾向，并没有传播倾向，属于表层响应；若微博博主对台风"山竹"话题的相关内容进行了转发，说明其认可该内容并对该内容感兴趣，愿意对其进行传播，这属于浅层响应；若微博博主就台风"山竹"话题发表自己的观点时，说明其对该内容进行了思考，有了进一步的认识，属于深层响应。对台风"山竹"话题的点赞、转发、评论和发文是响应程度不断加深的过程，因此需对这三种行为进行综合考虑，得出台风"山竹"社会响应深度综合值。社会响应焦点是指人们对某一重大事件、政策和人物的关注集中点，是人们思想和诉求的集中点，能够得到人们最迫切的想法和需求。某一事件的社会响应是否存在焦点取决于其社会响应的深度，当社会响应深度超过某一阈值时，关注点就会成为焦点，否则，关注点还不足以成为焦点。因此，当社会响应深度超过阈值时，对微博内容通过聚类算法进行分析，得出社会响应的焦点。

5.3.3 社会响应广度分析

社会响应的广度取决于微博的发声量，因此台风"山竹"的社会响应广度模型可以用以下公式表达：

$$B = WN \tag{5.15}$$

式中，B 为台风"山竹"社会响应广度，WN 为台风"山竹"的微博发声量。

微博发声的主体也是社会响应的主体，通过分析响应主体的性别组成、响应主体的类型组成和响应主体的地理空间分布可以得出对台风"山竹"响应的主体类型和地域分布，更加直观地反映台风"山竹"社会响应的广度。

利用获取到的微博数据，剔除不符合要求的数据，根据微博内容的发布时间，以天为单位统计每天对台风"山竹"话题的发声量，得出台风"山竹"社会响应广度的变化趋势。

台风"山竹"于 2018 年 9 月 7 日在西北太平洋洋面上生成，9 月 10 日进入南海北部，发展成为强台风，9 月 15 日在菲律宾北部登陆，随后离开菲律宾移向南海，9 月 16 日 17 时，在广东台山海宴镇登陆，9 月 17 日其强度不断减弱，逐渐降为热带低压，9 月 18 日日本气象局认定台风"山竹"完全消散。从刘海珠(2019)的研究中可以看出 2018 年 9 月 14 日至 9 月 18 日是讨论台风"山竹"话题最多的几天，也正是台风"山竹"袭击我国的时候，这段时间台风"山竹"社会响应广度最大。在台风"山竹"消散后，公众零零散散地发布了与台风"山竹"有关的博文。在 2018 年 11 月，公众对台风"山竹"话题又掀起了一个小高峰，直至 11 月 20 日，微博上有关台风"山竹"的博文基本不再出现。

在分析了台风"山竹"社会响应广度的基础上，针对台风"山竹"社会响应主体的性别组成、类型组成和地理空间分布做进一步的分析：

(1)响应主体的性别组成。通过分析台风"山竹"微博数据中的"xingbie"字段，得到男性针对这一话题发表的微博数量和女性发表的微博数量占比分别为 56.6% 和 43.4%。可以看出，男性和女性对台风"山竹"的关注程度基本一致。

(2)响应主体的类型组成。台风"山竹"社会响应主体类型分为组织结构和个人两大类，其中组织机构包括学校、企业、媒体和政府部门，其微博标识是蓝色的"V"；个人包括名人、达人和普通群众，名人的微博标识是黄色的

"V",达人的微博标识是红色的星星,普通群众无标识。通过对字段"level"的统计分析,得到台风"山竹"社会响应主体类型的分布结果,详见表5.11。

表5.11 微博响应主体类型划分及发声量

响应主体类型		微博标识	微博发声量	百分比
组织机构	学校	蓝色的"V"	37	0.36%
	企业		190	1.86%
	媒体		642	6.29%
	政府部门		569	5.57%
个人	名人	黄色的"V"	361	3.53%
	达人	红色的星星	756	7.40%
	普通群众		7659	74.99%

    台风"山竹"的社会响应主体主要是普通群众,占微博总发声量的94.99%。其次是微博达人。媒体和政府部门的微博发声量也较大,他们主要是对台风"山竹"的实时情况进行报道和向人民群众传播避难避险的途径。名人、企业和学校对台风"山竹"的微博发声量较少。

    (3)响应主体的地理空间分布。探究社会响应主体的地理空间分布可以进一步地反映社会响应广度。通过对地域字段进行统计分析,得出台风"山竹"社会响应主体地域分布统计图,如图5.6所示。

    从图5.6可以看出,关于台风"山竹"的微博发声量主要分布在广东、北京、福建、浙江等地,覆盖了全国34个省级行政区域,更有许多海外同胞对台风"山竹"持高度关注状态,因此我们可以看出台风"山竹"的社会响应地域十分广泛。

5.3.4 社会响应深度分析

    微博现已成为我国舆情发布最大的平台之一(何炎祥等,2015)。在极短的时间,一个热门消息就可以被大量的点赞、转发和评论。一个事件的影响范围就取决于其关注程度,也就是该事件话题的社会响应深度。为得出社会响应深度,将微博用户的行为进行量化,将用户的点赞行为定义为表层响应,通过点赞数进行指标量化;将用户的转发行为定义为浅层响应,通过转发数进行指标量化;将用户的评论和发文行为定义为深层响应,听过评论和发文数进行指

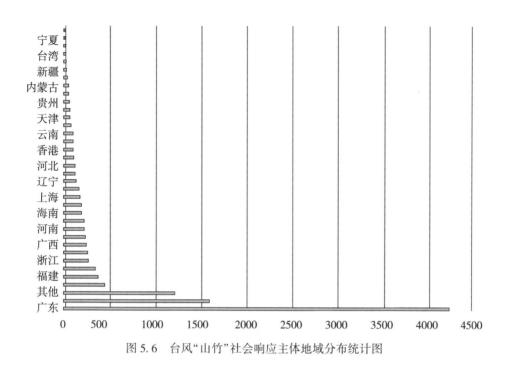

图 5.6 台风"山竹"社会响应主体地域分布统计图

标量化(马浚洋等, 2016)。这三个指标展现了用户响应的深浅程度, 将这三个指标进行综合, 得到社会响应深度综合值 D 的模型计算公式为:

$$D = \omega_1 \times CN + \omega_2 \times FN + \omega_3 \times LN \qquad (5.16)$$

式中, D 为社会响应深度综合值, ω_1、ω_2、ω_3 分别为微博评论和发文数、转发数和点赞数的权重值, CN 为评论和发文数, FN 为转发数, LN 为点赞数。

微博评论和发文数、转发数和点赞数的权重值 ω_1、ω_2、ω_3 的赋值既需要兼顾经验又需要兼顾客观信息, 才能够对指标的权重赋予一个主观与客观相统一的值。主观赋权法、客观赋权法和主客观融赋权法是目前常用的赋权法(宋冬梅等, 2015), 本节为了使 ω_1、ω_2、ω_3 尽可能地兼顾主观和客观权重, 采用主客观融合赋权法确定微博评论和发文数、转发数和点赞数的权重, 增强赋权的准确性和科学性, 其求解公式如下:

$$\omega_i = \frac{\sqrt{\alpha_i \beta_i}}{\sum_{i=1}^{n} \sqrt{\alpha_i \beta_i \cdot i}}, \quad i = 1, 2, \cdots, n \qquad (5.17)$$

式中, ω_i 为第 i 个指标的主客观融合权重, α_i 和 β_i 分别为第 i 个指标的主观权重和客观权重。

通过计算求得微博评论和发文数、转发数和点赞数的权重 ω_1、ω_2、ω_3 的值分别为 0.4083、0.3142、0.2775。

将上述的权重值代入社会响应深度综合值的计算公式中,得出其最终的计算公式为:

$$D = 0.4083 \times CN + 0.3142 \times FN + 0.2775 \times LN \qquad (5.18)$$

根据微博内容的发布时间,以天为单位统计每天对台风"山竹"话题的总评论和发文数、总转发数和总点赞数,得出台风"山竹"社会响应深度的变化趋势。

计算结果表明,在台风"山竹"正面袭击我国时,公众的发声量较多,对台风"山竹"的响应较多,台风"山竹"消散后,其社会响应迅速递减,但在该年 11 月出现一个小高峰,随后恢复低响应状态,并在当月 20 日响应消失。总体来看,公众对台风"山竹"社会响应程度主要集中于表层响应,其次是深层响应,浅层响应最少。在面对台风"山竹"时,公众主要通过点赞来表示自己对台风"山竹"的表层关注,其次是发表自己的观点和想法,最后是转发来表达自身对台风"山竹"的关注度。从台风"山竹"社会响应深度综合值的变化可以看出,9 月 14 至 9 月 17 日响应深度综合值最大,随后迅速递减,也就是说,当公众面对台风灾害时,其响应深度最大,当台风消散后,其响应深度迅速减小。

5.3.5　社会响应焦点分析

1. 对台风"山竹"微博话题数据的词向量分析

对训练数据进行分析和去停用词等数据前期处理后,利用 Word2vec 得到台风"山竹"微博话题数据的词向量,且计算了词向量"山竹"的相关词列表,得出与"山竹"相关程度最大的前 15 个词,见表 5.12。

表 5.12　　　　　　　　　"山竹"前 15 个相关词列表

相关词列表	相关程度	相关词列表	相关程度	相关词列表	相关程度
22	0.997138	影响	0.995827	港珠澳	0.992962
超越	0.997131	风力	0.995111	史上	0.992855
风王	0.996375	2018	0.995811	最强	0.992073

续表

相关词列表	相关程度	相关词列表	相关程度	相关词列表	相关程度
登陆	0.996135	预计	0.994129	一级响应	0.991866
热带风暴	0.995995	距离	0.994067	担心	0.991711

由表5.12可以看出，与"山竹"相关性强的15个词语分别是"22""超越""风王""登陆""热带风暴""影响""风力""2018""预计""距离""港珠澳""史上""最强""一级响应"和"担心"。这些词语可以被划分为三类，分别是对台风"山竹"的描述词语、地名和心理活动词。其中，最多的是对台风"山竹"的描述词语，"2018""22""风王""登陆""热带风暴""史上""最强""一级响应"等词语可以看出台风"山竹"是2018年第22号登陆我国的强台风，"风王"和"史上最强"是反映了其强度之大；其次是地名和和心理活动词，反映了台风"山竹"的影响区域和公众面对台风"山竹"时的心理活动。

对得到的词向量进行词频分析，得出台风"山竹"微博数据前35个出现频数最大的词，并绘制了台风"山竹"微博数据的词云，如图5.7所示。

图5.7 台风"山竹"词云图

从图5.6和图5.7中可以直观地看出，当公众面对台风"山竹"的袭击时，公众的社会响应主要包括台风灾害本身、受灾地区、受灾群众个人情感表达、非受灾群众个人情感表达和对救灾抢险的态度等几个方面。在图 5.7 中的 35个高频词中，"台风""山竹""强台风"等是公众提及的有关台风灾害本身的词语；"广东""深圳""湛江""珠海"等地名受台风"山竹"影响的重要区域；"发抖""好怕""哭"和"恐怖"等是受灾群众面对台风"山竹"时的个人情感表达；"希望""平安""祈祷"和"注意安全"等是非受灾群众面对台风"山竹"时的个人情感表达；"致敬""感谢""辛苦""感动"和"最美"等是公众对救灾抢险的工作人员和措施的赞赏。同时，"玉兔"在公众发布的有关台风"山竹"微博内容中出现了 235 次，台风"玉兔"是 2018 年第 26 号超强台风，造成菲律宾 20 人死亡、中国 1 人死亡，可见当公众面对超强台风时，会联想到以往发生的超强台风。台风"山竹"期间，受灾地区多地紧急实施"三停"，即停工（业）、停产、停课，因此"放假"也成为高频词之一。

　　将利用 Word2vec 训练得到台风"山竹"微博话题数据的词向量作为文本聚类的数据输入，采用 Python 语言中 sklearn 包的 K-means 算法进行微博文本聚类，得到 4 个聚类，聚类结果如图 5.8 所示。

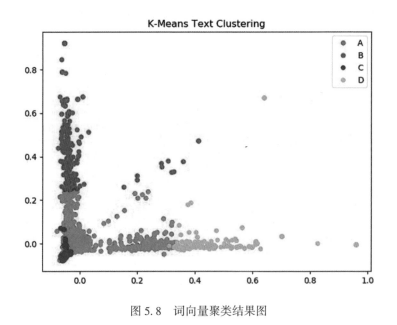

图 5.8　词向量聚类结果图

　　从图 5.8 可以看出，4 个类簇界限较为分明，其中 inertia 的值为9555.2412，轮廓系数为 0.587，说明聚类效果较好。本研究提取了每个类簇中微博内容包含前 15 个高频特征词，制作了微博主题聚类矩形图，并总结和概括了每个类簇的主题，如图 5.9 所示。

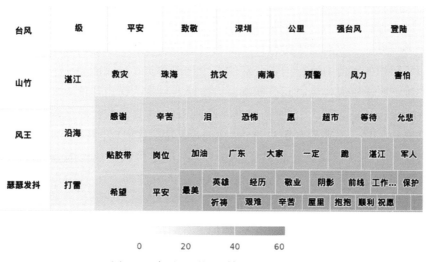

图 5.9　台风"山竹"微博主题矩形树图

（1）台风"山竹"灾害的基本信息。在 A 类别公众发表的博文中主要关注台风"山竹"灾害的基本情况，主要包括：台风"山竹"的实时报道，如风力等级、风速以及强度、影响程度，登陆情况和受灾地区等基本信息。

（2）非受灾公众的风险感知和情感表达。在 B 类公众发表的博文中关注的主要是非受灾地区的群众对台风"山竹"的风险感知和情感表达，主要包括对台风"山竹"的看法、灾害的风险感知、对受灾地区和受灾人民的祈祷和祝愿、对救灾抗灾人员的敬佩和赞扬。由此可以看出，非受灾公众对台风"山竹"的各个方面都持关注状态，为受台风灾害影响的民众打气和祈祷，体现了国家的凝聚力。

（3）受灾公众的风险感知和情感表达。在 C 类公众发表的博文中关注的主要是受灾地区的群众对台风"山竹"的风险感知和情感表达，主要包括受灾公众的心理活动、风险感知和自发抗灾救灾行为。受灾民众在表达自己对台风"山竹"的恐惧和忐忑的同时，不断提高安全意识和防灾减灾能力，自发地进行抗灾救灾。

（4）救灾抗灾措施。在 D 类公众发表的博文中关注的主要是救灾抗灾措施，主要包括政府和公众相应的救灾减灾措施以及对救灾抗灾人员的感激与敬佩之情。军人和台风救灾工作人员是公众最关注的两个抗灾减灾主体，"致敬"和"感谢"也成为公众对这些人群的赞美之词。

2. 对台风"山竹"的微博评论数据进行分析

当面对台风灾害时，政府一方面需要关注公众对台风灾害的社会响应，了解台风灾害给公众所造成的影响，并依此采取合理有效的措施，进行抗灾救灾；另一方面，政府需要对台风灾害的舆情传播做进一步的研究，加大防台风抗台风知识的宣传力度，增强公众的安全意识和防灾减灾能力。

接下来，以天作为时间分辨率，以微博数目作为讨论热度对评论数据进行分析，分析结果如图 5.10 所示，可以发现 9 月 13 日之前，尚未确定台风是否会影响我国时，几乎没有用户讨论"山竹"话题，这段时间属于网络事件传播的潜伏期。15 日台风登陆菲律宾，由于基本确定台风会从我国登陆，舆情热度急剧攀升，当天共有 2357 条评论，事件进入发酵期。16 日中央气象台发布台风红色预警，下午 5 时台风登陆广东，话题讨论爆炸式增长，此时百度指数达到最高点，"山竹"相关话题浏览量达到了 24749 次；在 9 月 17 日，台风"山竹"的微博讨论达到顶峰，事件进入爆发期，当天共计有 8984 条讨论，其中积极评论远多于消极评论。随着 17 日台风"山竹"的退散，话题讨论逐渐消失，在 21 日有一个小高峰，百度指数为 12678，此段时间获取 353 条微博评论，消极评论居多，此段时间属于舆情事件的反复期。22 日之后话题讨论完全退散，事件进入消亡期。微博话题讨论与百度指数相比则稍显滞后，体现了媒体对于公众注意力的引导，本次台风事件属于大众媒体导入型事件而非网络首发型事件。

为使微博舆情态势更加直观，对台风"山竹"事件进行地理统计分析，以某个区域用户发博量作为话题讨论热度。台风"山竹"的话题讨论涉及全国各地用户，其中广州用户有 935 人，深圳市有 712 人，北京市有 447 人，成都市有 344 人，参与讨论达到 200 人以上的城市还有南宁、上海、杭州、西安、武汉与东莞。选取讨论较多的广东为例，以城市用户情绪均值作为区域情绪指数，对其进行反距离加权法插值分析，拟合形成情绪值连续变化的曲面，效果如图 5.11 所示，呈现内陆情绪值高，沿海情绪值低的趋势。

这里利用台风"山竹"相关的微博数据作为模型输入，采用最常用的吉布斯采样方法进行参数估计，输入分词后的微博数据，参数 $\alpha=0.5$，$\beta=0.1$，迭代次数 300 次，聚类数 $K=10$。最佳聚类数的选取可以通过词汇被选中的概率或者困惑度来进行计算，主题分析如图 5.12 所示。从每个主题中选择 7 个出现频率较高的词语，并列出词语对于话题的支持度，不同主题之间的区分较为

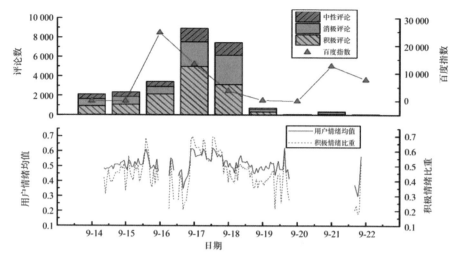

图 5.10 台风"山竹"期间用户情感趋势与百度指数趋势

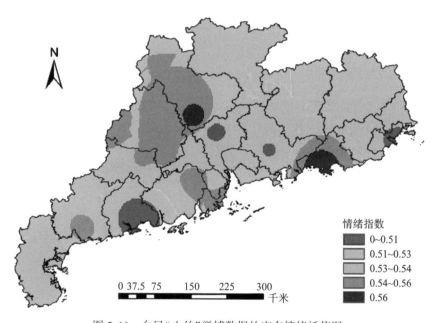

图 5.11 台风"山竹"微博数据的广东情绪插值图

明显。本次事件中热议的话题有："台风命名与'山竹'除名的讨论""港珠澳大桥扛过 17 级大风""工作人员坚守岗位""救援队返程被卡湖南收费站""俄航起飞""学校停课""台风预警"等。

话题1:	
"山竹"	0.0521
笑哭	0.0482
泰国	0.0245
水果	0.0141
吃	0.0120
广西	0.0116
芒果	0.0064
...	

话题2:	
台风	0.0297
广东	0.0224
湛江	0.0142
慌	0.0122
人民	0.0117
海南	0.0086
登陆	0.0085
...	

话题3:	
交警	0.0094
政府	0.0058
工作	0.0056
警察	0.0051
湖南	0.0039
救援	0.0029
起飞	0.0028
...	

话题4:	
赞	0.0510
中国	0.0390
厉害	0.0174
鼓掌	0.0139
港珠澳大桥	0.008
工程	0.0081
质量	0.0066
...	

话题5:	
祈祷	0.1410
平安	0.0536
坚守	0.0388
一线	0.0142
工作人员	0.0215
注意安全	0.0168
平平安安	0.0131
...	

话题6:	
头发	0.0202
眼泪	0.0116
报道	0.0091
扎起来	0.0080
记者	0.0068
风	0.0068
阳春	0.0046
...	

话题7:	
人类	0.0168
大自然	0.0130
台风	0.0106
还给	0.0076
大海	0.0066
敬畏	0.0054
地球	0.0049
...	

话题8:	
心	0.0849
致敬	0.0700
Good	0.0566
辛苦	0.0306
感谢	0.0188
逆风而行	0.0101
英雄	0.00101

话题9:	
深圳	0.0138
上班	0.0127
广州	0.0125
放假	0.0085
风吹	0.0077
学校	0.0077
停课	0.0055

话题10:	
台风	0.1079
除名	0.0498
山竹	0.0262
龙王	0.0063
命名	0.0070
榴莲	0.0057
循环	0.0045
...	

图 5.12　台风"山竹"的主题分析

5.3.6　网络社团模型

社团也可称为聚类、群等,社团结构是复杂网络的一个重要拓扑结构特征。城市舆情网络社团是一组由城市点位与有向共现城市词链接组成的集合,城市间联系紧密且存在社团化或群组化的结构。社团结构发现是指根据共现城市词链,将城市节点一个个划分到社团中的过程,社团内部节点存在某种特质。

常用的社团结构发现算法包括图分割理论、Louvain 算法、GN 算法、Newman 快速算法等,常用于社交软件联系人自动推荐中。其中 Louvain 算法计算效率很高,可以将所有边缘节点统一纳入考虑且获得的社团结构具有层次性。该算法的划分评判基于模块度这一指标,模块度越大,代表划分结果越好,社团结构越明显。模块度数学上的定义如下:

$$Q = \frac{1}{2m} \sum_{i,j} \left[A_{i,j} - \frac{k_i k_j}{2m} \right] \delta(C_i, C_j) \tag{5.19}$$

式中,$A_{i,j}$ 代表节点 i 与 j 之间的边的权重;k_i 代表节点的度(节点的弧尾条数加弧头条数);m 代表复杂网络中节点的总数;C_i 代表节点为 i 的社团,当 $C_i = C_j$ 时 δ 函数为 1,否则为 0。在随机情况下,节点 i 与节点 j 之间的边数为 $\frac{k_i k_j}{2m}$。

Louvain 算法的具体流程如下：①每一个节点看作一个独立的社团，初始社团数目与城市数目相同；②遍历任意一个节点 i，考虑其邻居 j，通过从节点 i 所属社团移除节点 i，然后将其加入属于节点 j 的社团，计算模块度的变化并进行比较，将节点 i 放入模块度增加最大的社团，若无法找到模块度收益为正的节点 j，则保持节点 i 原有社团；③重复步骤②，对于所有节点都执行此过程，直至达到模块度局部最大值，即没有任何节点可以提高网络模块度，社团结构不再发生改变；④对步骤③得到的社团结构进行压缩，将原有社团压缩成新节点，社团内部节点权重转化为新节点环权重，原社团之间边权重转化为节点之间边权重；⑤重复步骤，一直至社团结构不再发生改变。

针对台风"山竹"微博获取到的文本数据，检索所在地为广东省用户（Source），统计其微博内容中含有城市信息的条目（Target），得到有向链接信息，再进行合并得到链接权重值 Weight。利用 Gephi 软件 Modularity 模块进行社团检测，将 21 个城市分为 3 个社团，同一社团内用户之间的互动会比在不同社团之间更加频繁。用节点大小代表城市的度，即考虑到地区用户发微博的数量，又考虑到地区在此次台风期间被谈及的次数。在生成的有向图中用顺时针代表图的连接方向，微博用户活跃区域与灾情情况存在一定联系，如图 5.13 所示。

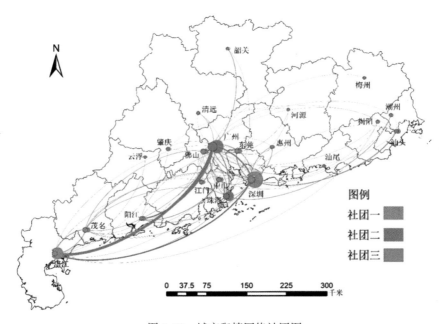

图 5.13　城市舆情网络社团图

第6章　洪涝灾害风险与淹没过程分析

　　近年来，全球气候不断变化，世界各地灾害性气象事件频发。据统计，目前全球各种由自然灾害导致的损失中，暴雨洪涝灾害所占比重约为40%（周月华等，2019）。我国城市内涝灾害现象十分明显，多个城市呈现"逢雨必涝"和"城市看海现象"。在此背景下，对城市暴雨洪涝灾害进行科学合理的风险评估尤显重要，国内外许多学者对此进行了相关研究。目前，国内外广泛使用的暴雨洪涝风险评估方法有三种（陈思，2019；程卫帅等，2010；温跃修等，2018）。第一种为基于历史灾情法，通过收集长时间的历史灾情资料，并在此基础上通过统计分析进行风险评估，Nott(2006)论述了长时间的历史灾情资料在区域内涝风险评估时的用处；第二类是模拟评估法，主要通过水文动力仿真模型，或者GIS和遥感技术实现，用于模拟预测内涝发生的各个环节，李兰等(2013)就基于此方法对漳河流域进行过暴雨洪涝灾害风险评估；第三类是基于指标体系的评估方法，从暴雨洪涝灾害系统出发，选取暴雨洪涝灾害的气象、水文、地形和社会经济等相关指标进行区域性评估，Ka Mierczak和Cavan(2011)考虑了孕灾环境、承灾体、暴露因子等要素，并通过建立指标体系对英国城市进行风险评估。

　　本章内容主要包括城市洪涝灾害风险分析、淹没过程计算和淹没情景构建等内容。以武汉市中心城区为研究对象，从危险性、敏感性、脆弱性和防灾减灾能力等四个方面进行洪涝灾害要素分析，利用AHP熵值法确定指标权重系数，建立短期暴雨内涝灾害风险评估模型。基于暴雨洪水管理模型(SWMM)、径流曲线数法(SCS-CN)经验模型、降雨-径流-淹没(RRI)模型等进行淹没过程分析。

6.1　洪涝灾害风险分析

　　武汉市是一个内涝多发城市，近年来每遇强降雨都会发生内涝（洪国平等，2014）。地势较为低洼的居民区、隧道等容易被淹，车辆浸泡受损，城市道路交通受到严重的影响（郑辉，2014）。比如 2016 年 6 月 29 日—7 月 6 日，暴雨灾害造成了全市 12 个区 75.7 万人受灾，共转移安置灾民 167897 人次，80207 名群众处于转移安置状态；直接经济损失 22.65 亿元，并造成了人员伤亡。因此，无论是从人民生命安全考虑，还是从社会经济发展角度考虑，对武汉市进行暴雨内涝灾害风险评估研究都十分必要。本章建立了武汉市的暴雨内涝灾害风险评估指标体系和评估模型，并进行实例对比分析。

6.1.1 技术方法

自然灾害风险是指在一定区域和给定时间段内，由于某一自然灾害而引起的人们生命财产和经济活动的期望损失值（胡波等，2014）。自然灾害风险法（NDRI）认为灾害风险是致灾因子危险性（H）、孕灾环境敏感性（E）、承灾体脆弱性（V）和防灾减灾能力（R）四个方面综合作用的结果（李平兰等，2018；孙建霞，2010；鲜铁军，2018），本章即从这四个方面评估暴雨内涝的风险（D）。

技术路线如图 6.1 所示，暴雨内涝致灾因子危险性、孕灾环境敏感性、承灾体脆弱性等评价因子下又有若干个指标，为了消除各指标的量纲和数量级，需要对每一个指标值进行规范化，之后基于 AHP 熵值法得到各指标的权重，加权综合得到 H、E、V 和 R 的值，最后综合得到风险评估结果并进行验证。对结果采用自然断点分级进行等级划分，自然断点分级是用统计公式来确定属性间的自然聚类，减少同一级的差异，增大级间的差异，可以通过 GIS 工具实现。

6.1.2 AHP 熵值法综合评价方法

规范化是为了消除各指标的量纲和数量级，本文基于极差法进行归一化，根据指标与因子的关系有正向与负向的不同，正向公式为：

$$P_i = \frac{X_i - X_{\min}}{X_{\max} - X_{\min}} \quad i = 1, 2, \cdots, n \tag{6.1}$$

式中，$X_{\min}$ 为当前指标中的最小值，$X_{\max}$ 为指标最大值，X_i 表示任意指标值，P_i 为归一化后的值。负向公式为：

$$P_i = \frac{X_{\max} - X_i}{X_{\max} - X_{\min}} \quad i = 1, 2, \cdots, n \tag{6.2}$$

对指标进行规范化的时候，要根据实际情况对数据进行分析，得到适合的归一化公式。

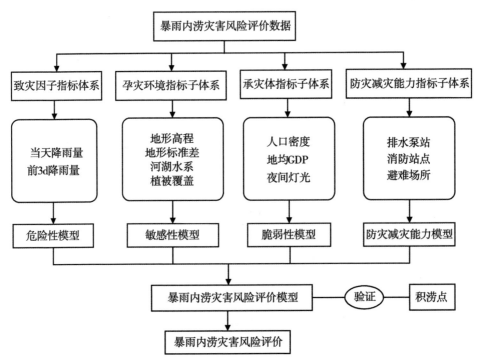

图 6.1　武汉暴雨内涝灾害风险评价技术流程图

　　为减弱主观因素对层次分析法赋权的干扰和弱化熵值法赋权产生偏差的问题，得到更为客观合理的指标权重，本研究采用了一种主客观结合的指标赋权法，即 AHP 熵值法（陈海峰，2014；马砺等，2017；周逸欢等，2019）。该方法首先利用层次分析法计算出反映专家主观意志的主观权重，保证重要性指标所占的权重较大，再利用熵值法得到的熵权和主观权重综合加权，得到优化权重。其步骤如下：

　　（1）首先根据层次分析法确定指标的主观权重。层次分析法首先要建立递进的层次结构模型；然后将同层次的因素进行两两比较，尽可能减少性质不同的因素相互比较的困难，以提高准确度，并将两两比较结果组成判断矩阵；之后进行层次单排序，将对应于判断矩阵最大特征根 $\lambda_{\max}$ 的特征向量，经归一化后记为 W，W 的元素为同一层次因素对于上一层次某因素相对重要性的排序权值。能否确认层次单排序，需要进行一致性检验，一致性判断公式为：

$$CI = \frac{\lambda_{\max} - n}{n - 1} \tag{6.3}$$

CI 越小，则代表一致性越好。在对不同标度的 CI 进行研究时，由于维数会对判断矩阵造成一定的影响，因此另引入修正值 RI，此时判断一致性的公式为：

$$CR = \frac{CI}{RI} \tag{6.4}$$

当 $CR \leqslant 0.1$ 时，我们认为矩阵的一致性达到要求。最后计算某一层次所有因素对于最高层相对重要性的权值，称为层次总排序。这一过程是从最高层次到最低层次依次进行的。

（2）使用熵值法确定指标的客观权重。对于 n 个样本，m 个指标，则 x_{ij} 为第 i 个样本的第 j 个指标的数值（$i = 1，2，\cdots，n$；$j = 1，2，\cdots，m$），经过指标的归一化后，计算各个指标下的各个样本值占该指标的比重：

$$p_{ij} = \frac{x_{ij}}{\sum_{i=1}^{n} x_{ij}}，i = 1，2，\cdots，n；j = 1，2，\cdots，m \tag{6.5}$$

计算指标的熵值：

$$e_j = -k \sum_{i=1}^{n} p_{ij} \ln(p_{ij})，j = 1，2，\cdots，m \tag{6.6}$$

其中 $k = 1/\ln(n) > 0$，且满足 $e_j \geqslant 0$；之后，计算信息熵冗余度（差异）：

$$d_j = 1 - e_j，j = 1，2，\cdots，m \tag{6.7}$$

最后，计算各指标的权重：

$$w_j = \frac{d_j}{\sum_{j=1}^{m} d_j}，j = 1，2，\cdots，m \tag{6.8}$$

（3）优化综合权重计算。将层次分析法得到的主观权重和熵值法得到的客观权重加权计算，得到优化综合权重，计算公式为：

$$w_j = \alpha \cdot w_j^1 + (1 - \alpha) \cdot w_j^2，j = 1，2，\cdots，m；0 \leqslant \alpha \leqslant 1 \tag{6.9}$$

式中，w_j^1 为层次分析法得到的权重，w_j^2 为熵值法得到的权重，α 表示主观偏好（本文 α 取 0.7）。

在得到各指标的权重之后，采用第 3 章所提到的加权综合评估法来计算得到上级指标的值。

6.1.3 暴雨内涝灾害风险因子指标选取与分析

1. 致灾因子危险性

降雨是暴雨内涝的主要致灾因子，其危险性体现在降雨强度上，暴雨内涝风险评估可由降雨强度推算危险性指数。当天降雨量对内涝灾害有着决定性的影响，当天的降雨量越大，危险性越高；另外，前期降雨量多少对内涝灾害风险也有很大影响，尤其是一次暴雨持续时间越长，强度越大，危险性越高。有资料表明，一次性持续暴雨为 3~4d(周成虎等，2000)。因此选择当天的降雨量和前 3d 的降雨量作为评估内涝致灾因子危险性的指标。若降雨时间过长，选取降雨强度最强的 3d 作为评价指标。分别按公式(6.10)以及公式(6.11)对当天降雨量和前 3d 降雨量进行归一化处理。

$$Q_1 = \begin{cases} 0, & P \leqslant 50 \\ \dfrac{P-50}{150}, & 50 < P \leqslant 200 \\ 1, & P > 200 \end{cases} \tag{6.10}$$

$$Q_2 = \begin{cases} 0, & P \leqslant 150 \\ \dfrac{P-150}{150}, & 150 < P \leqslant 300 \\ 1, & P > 300 \end{cases} \tag{6.11}$$

2. 孕灾环境敏感性

从引发、影响暴雨积涝灾害的条件和机理分析，孕灾环境敏感性主要指地形状况、河湖水系、植被覆盖等组成的自然-社会环境因子对积涝灾害形成的综合影响，它们在一定程度上能减弱或者加强暴雨内涝及其衍生灾害。

地形高程对内涝产生的影响体现在海拔越低越可能导致水流汇聚，从而产生内涝，敏感性越高；相反，海拔高的地方积水的可能性越低。另外，地形的起伏程度对积水产生也有重要影响，地形起伏越小，积水越不容易排泄，从而导致内涝，目前比较通用的方法是通过地形标准差来衡量地形起伏(张念强，2006)。武汉市中心城区总体地势低平，只有部分山地丘陵地形起伏较大，经过对武汉市中心城区的 DEM 和地形标准差进行分析，分别对高程和地形标准差进行归一化处理。

$$Q_3 = \begin{cases} 1, & H \leqslant 0 \\ 1 - \dfrac{H}{H_{\max}}, & H > 0 \end{cases} \tag{6.12}$$

$$Q_4 = \begin{cases} 1 - \dfrac{S}{12}, & S \leqslant 10 \\ 0.1, & S > 10 \end{cases} \tag{6.13}$$

　　武汉市中心城区地处长江和汉水交汇处，河湖水系密集，水资源丰富，这在城市的暴雨内涝风险评估中起到了比较重要的作用。城市内涝通常发生在雨季、汛期，此时河流和湖泊水位较高，流量较大并产生顶托作用，城市管网排水能力和河流湖泊的泄洪蓄水能力得到极大的削弱。河流流量越大，距离河网水系越近，发生积涝的可能性就越大，内涝灾害的敏感性越高。根据距离江河湖库等面状水体越近的原则，加上文献调研，综合前人经验（马国斌等，2011；万君等，2007），建立河湖缓冲区等级和宽度标准，见表6.1。

表6.1　　　　　　　　　　　　　河湖缓冲区等级和宽度设置

水域面积(km²)	缓冲区宽度(m)	
	一级缓冲区	二级缓冲区
0.1~1	100	200
1~10	200	400
10~100	500	1000
100~1000	1000	2000

　　根据以上表格通过ArcGIS生成多级缓冲区，并对不同缓冲区按照一级缓冲区为0.8、二级缓冲区为0.6、非缓冲区为0.2赋值。

　　植被对降雨有削减作用，同时也具有很强的水土保持作用。植被覆盖率越高的区域，洪涝灾害的孕灾环境敏感性越低。NDVI(归一化植被指数)被认为是植被生长状态和植被覆盖度的最佳指示因子(刘娜，2013)。因此，采用公式(6.2)对植被覆盖进行归一化。

3. 承灾体脆弱性

　　城市暴雨内涝的承灾体指的是受到暴雨内涝灾害的对象，主要包括两个方面，第一个是社会经济方面，第二个是人身财产安全方面。灾害如果发生在没有受灾体的区域，是不会对社会经济、人身财产造成损失的．本文采用人口密度、地均GDP、夜间灯光作为评估暴露性的指标。

　　人口数量很大程度上决定了这个区域的社会经济发展水平，也能直接反映人身安全方面；地均GDP主要反映了区域的经济发展情况，经济越发达，洪涝灾害造成的损失也越严重。采用极差法公式对人口密度和地均GDP进行归一化。

夜间灯光数据能够反映出人类活动、经济活动的空间格局(吴畅,2018),"珞珈一号"夜间遥感影像产品空间分辨率为 130m 左右,其图像灰度值并不是原始的辐射亮度值,按照官网提供的公式转换为辐射亮度值:

$$L = DN^{3/2} \cdot 10^{-10} \tag{6.14}$$

式中,L 为校正后的辐射亮度值,DN 为图像灰度值。计算得到的辐射亮度过小,将其拉伸 10000 倍,经过分析,发现有极少的区域值非常高,于是采用以 65 为阈值,进行归一化处理,

$$Q_5 = \begin{cases} DN/65, & DN \leq 65 \\ 1, & DN > 65 \end{cases} \tag{6.15}$$

4. 防灾减灾能力

防灾减灾能力是人类社会用来应对气象灾害所采取的方针、政策和行动的总称,表示人们应对灾害的积极程度(刘昌杰,2012)。城市是国家防灾减灾的重点地区,城市内涝灾害的防灾减灾能力是指受灾地区对内涝的抵御程度。在这里选取了排水泵站、应急避难场所和消防站作为评估抗灾能力的指标。

城市排水管网和排水泵站建设是城市抵抗内涝的重要工程性指标,对防涝减灾有着极其重要的作用。通过汇流面积与泵站规模,计算得到不同汇流区域的单位排水能力,采用自然断点法将排水能力分为五个级别,即强、较强、中等、较弱、弱,排水能力越强,承灾体脆弱性越低,因此将其影响因子分别赋值为 0.9、0.8、0.6、0.4、0.2。

与排水泵站相比,避难场所也是在抵抗洪涝灾害中起着不可忽视作用的工程设施。在本研究中,每一个避难场所都可以看作一个功能单元,那么其密度越高,则表示该地区功能越集中,因此可以对避难场地点进行核密度估计,密度越高,防灾减灾能力越强,采用极差法公式(6.1)进行归一化,

除此以外,消防力量是抵抗灾害的非常重要的非工程措施,通常担负着抢险救灾的重要责任,是城市防灾中不可或缺的一股力量,同理可以用消防站点来评估防灾减灾能力,采用核密度估计之后,同样使用极差法进行归一化。

6.1.4 武汉市暴雨内涝风险因子分析

武汉是湖北省省会,地处江汉平原东部区域,共有 7 个中心城区(汉阳区、江汉区、硚口区、江岸区、武昌区、洪山区和青山区)和 6 个新区。武汉市中心城区如图 6.2 所示,是武汉市的经济、人口重心,整体地势较低,坡度

平缓，土壤肥沃，南北两端地势稍高；长江和汉江在此交汇，水系发达，水网纵横，湖泊数量众多，水资源极为丰富。武汉市属于亚热带季风气候区，夏季高温多雨、常年平均降雨日数为 124.9 日，年均降雨量 1269mm，夏季降水相对集中，尤其以 6~8 月为多（安喆，2017）。由于夏季降水多半属于突发性暴雨，因此武汉市极易形成城市内涝灾害。

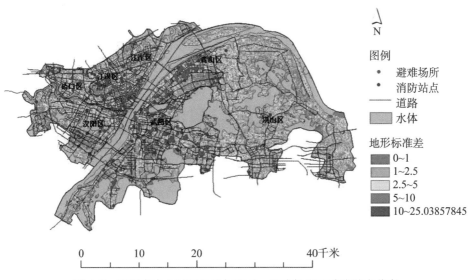

图 6.2　武汉市中心城区地形标准差、避难场所和消防站点分布

　　本研究采用了地面数字高程模型（DEM）、土地覆盖、夜间灯光、人口密度等面状数据。其中 DEM 数据采用美国航天局（NASA）与日本经济产业省（METI）共同推出的 30m 分辨率地球电子地形数据 ASTER GDEMV2 数据。土地覆盖数据选取国家基础地理中心发布的 GlobalLand30 地表覆盖产品，时间为 2010 年。该产品拥有 10 个主要的地表覆盖类型。夜间灯光数据则采用"珞珈一号"夜间遥感卫星影像数据，其分辨率约为 130m 的夜间灯光数据，能够呈现出更多细节。人口密度数据和地均 GDP 数据采用中国科学院地理科学与资源研究所公布的中国公里格网 GDP 分布数据集，时间为 2015 年。

　　计算中还采用了降雨、水泵站、兴趣点（POI）等点状数据。其中所用的降雨数据来自国家气象中心制作的中国地面气象资料日值数据集，从中选取武汉市及周边的 21 个气象站的观测数据，时间范围为 2016 年 6 月 30 日至 7 月 6日。武汉市排水泵站参数（图 6.3）和汇水区域资料来自武汉市规划研究院与

《武汉市中心城区排水防涝专项规划》（http：//www.wpdi.cn/project-3-i_11422.htm）。消防站点 POI 与应急避难场所 POI 来自高德地图。

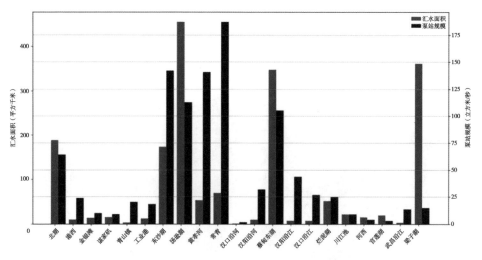

图 6.3　武汉市排水区域汇水面积与泵站规模

以武汉市中心城区作为研究区域，按照上述指标体系和方法对武汉市 2016 年 7 月 6 日的暴雨内涝事件进行风险评估。通过 AHP 熵值法得到的权重见表 6.2，之后经过加权综合得到了当日武汉市中心城区的暴雨内涝危险性、敏感性、脆弱性和防灾减灾能力评估结果，并采用 GIS 自然断点法将结果分为低、较低、中等、较高和高五个等级。

表 6.2　　　　　　　　　　　　　暴雨内涝灾害指标权重

风险因子	指标	AHP 法	熵值法	综合权重
致灾因子危险性	当天降雨量	0.667	0.98871	0.7635
	前 3d 降雨量	0.333	0.01129	0.2365
孕灾环境敏感性	地形高程	0.1477	0.02112	0.1097
	地形标准差	0.3270	0.01002	0.2319
	河湖水系	0.3618	0.57668	0.4263
	植被覆盖	0.1635	0.39218	0.2321

续表

风险因子	指标	AHP法	熵值法	综合权重
承灾体脆弱性	人口密度	0.4434	0.28392	0.3955
	地均GDP	0.3874	0.32135	0.3676
	夜间灯光	0.1692	0.39473	0.2369
防灾减灾能力	排水泵站	0.5499	0.08309	0.4099
	消防站点	0.2403	0.32135	0.2647
	避难场所	0.2098	0.59532	0.3254

如图6.4(a)所示，7月6日这天，武汉市中心城区的致灾因子危险性整体都很高，当天降雨量超过200mm，而且6月30日至7月5日暴雨不断，尤其是7月1日、2日和4日。

如图6.4(b)所示，武汉市中心城区孕灾环境敏感性差别不大，高敏感性地区较少，基本沿长江分布，较高敏感性的地区基本处于湖泊和河流沿岸，大部分地区敏感性处于中等，而洪山区东部部分地区的敏感性较低。这是由于武汉市中心城区整体地势低平，起伏不大，多河流湖泊，而洪山区东部地势相对较高，起伏较大，且植被覆盖率高。

如图6.4(c)所示，江汉区、硚口区和江岸区的脆弱性最高，武昌区和汉阳区次之，洪山区和青山区最低。江汉区、武昌区和汉阳区是老城区，经过多年发展，人口密度高，经济活动频繁，发展程度高于洪山区和青山区。

如图6.4(d)所示，江汉区、硚口区和江岸区的防灾减灾能力最高，武昌区和青山区次之，汉阳区稍差，而洪山区绝大部分区域的防灾减灾能力都很低。对比发现，防灾减灾能力和脆弱性具有很高的空间相似性。

6.1.5 暴雨内涝灾害风险评估与区划

1. 暴雨内涝灾害风险评估方法

依据自然灾害风险理论和暴雨内涝灾害风险评价指标，对于暴雨洪涝灾害风险评估来说，致灾因子危险性、孕灾环境敏感性、承灾体脆弱性以及防灾减灾能力之间的定量关系是乘积关系，因为一个因子对另一个因子的影像呈现一

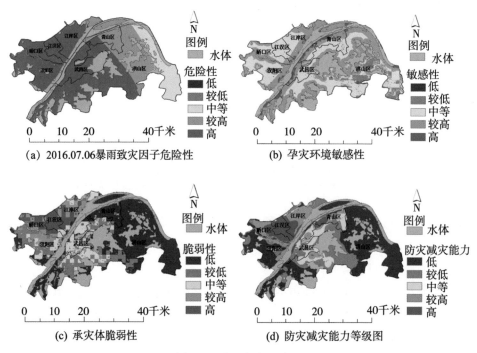

图 6.4 武汉市中心城区

种放大效应,而不是无量纲的权重相加方法(扈海波等,2013)。考虑到各风险评价因子对风险的构成起到不同作用,对每个风险评价因子分别赋予指数权重,建立暴雨内涝灾害风险指数模型:

$$D = H^{W_H} \cdot E^{W_E} \cdot V^{W_V} \cdot (1-R)^{W_R} \qquad (6.16)$$

式中,H、E、V、R 分别代表暴雨洪涝灾害的致灾因子危险性、孕灾环境敏感性、承灾体脆弱性和防灾减灾能力指数,W_H、W_E、W_V、W_R 分别为致灾因子、孕灾环境、承灾体和防灾减灾能力的权重。

2. 武汉市暴雨内涝灾害风险评估区划

基于 AHP 熵值法,为武汉市中心城区 7 月 6 日暴雨内涝灾害致灾因子危险性、孕灾环境敏感性、承灾体脆弱性和防灾减灾能力分别赋予 0. 38411、0. 25083、0. 21687 和 0. 14819 的权重,指数相乘得到风险评估结果,根据 GIS

自然间断法划分为5个等级：高风险、较高风险、中等风险、较低风险和低风险，如图6.5所示。

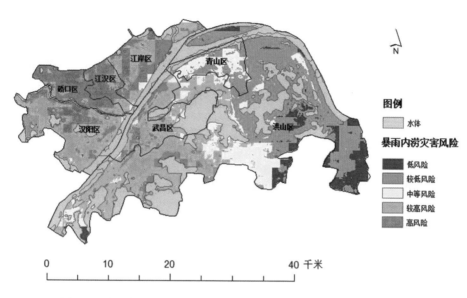

图6.5 武汉市中心城区2016年7月6日暴雨内涝灾害风险区划图

3. 评估结果分析与验证

7月6日当天，武汉市中心城区的内涝风险呈现出东低西高的趋势，高风险区域大多位于硚口区、江汉区、江岸区和汉阳区等长江北岸区域，其他的高风险区分布在武昌区的长江沿岸和南湖沿岸地区；武昌区大部分地区和洪山区西南部基本处于较高风险区域；而青山区和洪山区东部绝大多数地区处于中等风险和较低风险区域。由于武汉市中心城区7月6日当天的内涝灾情数据极难获取，以《湖北日报》报道的7月6日17时的积涝点作为真实灾情用于验证实验结果，如图6.6所示，将这些点矢量化，并叠加在武汉市中心城区7月6日的内涝灾害风险区划图上，中心城区总共有71个积涝点，其中7个积涝点落在中等风险与较低风险区域，90%落在较高风险和高风险区，说明评估区划结果有较高的准确度。

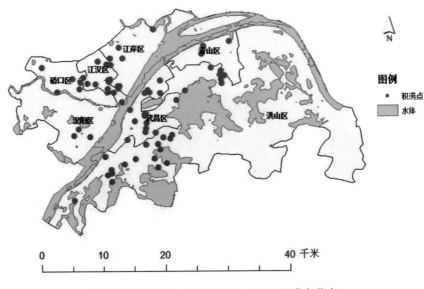

图 6.6　武汉市中心城区 2016.07.06 积涝点分布

6.2　基于 SWMM 模型的淹没模型

20 世纪 70 年代美国环保局(USEPA)开发出了暴雨洪水管理模型(Storm Water Management Model,SWMM)(董欣等,2008)。它作为计算机技术支持下的一种动态的降水径流模拟模型,可以根据输入的相关降水条件、管网布设、土壤特征的资料完整地模拟整个区域的降水径流过程(陈琼,2019),并且可以可视化反馈结果,因此在研究城市内涝问题上得到了越来越广泛的应用。

通过建立暴雨洪水管理模型,可以实现对城市内涝灾害的模拟。对暴雨导致的城市内涝灾害进行时空模拟分析,结合 SWMM 和 ArcGIS 平台建立相关模型,实现将 DEM 栅格数据融合到 SWMM 中,建立能够反映出地表形态的积水单元,并且模拟水流在各个区域之间的流动。同时,采用实际降雨曲线的方式作为模型的输入,实现对武汉大学校区的暴雨淹没范围以及淹没深度的可视化展示。对比分析几个重点淹没区域,检验模型建立的正确性。根据模型反映出来的数据研究暴雨时期研究区域的降水汇流流向,以对该区域的防洪减灾能力以及排水设施的规划设计有一定程度的认识。通过与 DEM 数据中洼地分布及实际情况的对比分析,进一步证明该模型在模拟某一地区因暴雨导致的内涝灾害方面有着很好的效果。

以武汉大学为研究区域，首先实地采集校区下水井数据，并结合武汉大学30m×30m 的数字高程模型，在 ArcGIS 平台进行处理，然后在 SWMM 软件平台上建立模型，以实际降雨过程线作为模型的降雨输入，最后对模型进行模拟，将模拟的结果可视化显示到 ArcGIS 平台以实现对研究区域的淹没过程模拟，从而得到最大淹没范围。技术路线如图 6.7 所示。

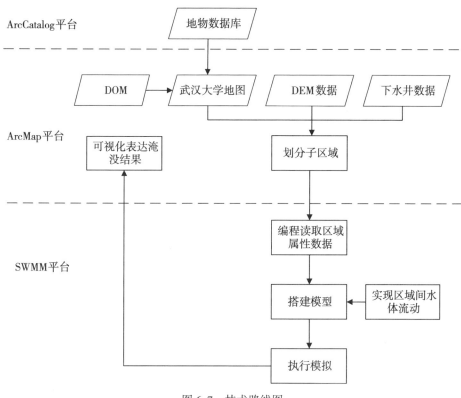

图 6.7　技术路线图

6.2.1　数据预处理及准备

数据预处理主要包含两个部分，一是 DEM 的裁剪及投影，二是 DOM 与裁剪后得到的武汉大学校区 DEM 的地理配准。

（1）DEM 的裁剪：首先在 ArcCatalog 中建立本次实验的个人地理数据库，在此数据库下建立名为"裁剪"，要素类型为"面"的要素类，指定相应的坐标系，然后在 ArcMap 中添加这一数据层，进行编辑，根据 DEM 数据勾画出武汉大学轮廓，再将两图层进行裁剪即可得到武汉大学 DEM，为了方便 DEM 结果的显示，这里采用直方图均衡化处理。

（2）DEM 的投影：获取到的 DEM 栅格数据的坐标系为地理坐标系，属性列表里无法显示栅格相应的面积信息，因此作投影处理，通过投影变换投影到"WGS_1984_Web_Mercator"投影坐标系。为了方便以后的裁剪处理，这里还将 DEM 栅格数据做了转化为面的处理。

（3）DEM，DOM 的地理配准：对 DOM 进行地理配准，采用一阶放射变换的方法，通过刺点的方式在两个图层添加控制点使其与 DEM 数据对齐。通过地理配准，实现了将 DOM 数据与 DEM 数据一起查看、查询和分析的功能。

（4）数据库及地图的准备：根据武汉大学 DOM 对校区的教学楼、学生宿舍、操场、湖泊、珞珈山等进行绘制。首先要在 ArcCatalog 个人地理信息数据库中建立相应的要素集，为每个地理要素设计"名称""面积""周长"等属性，同样需要指定相同的投影坐标系"WGS_1984_Web_Mercator"。

在 ArcMap 平台添加这些图层，根据武汉大学 DOM 进行编辑和绘制。根据武汉大学 DOM 在不同的图层分别对居民及生活设施、教学活动设施、操场、道路、湖泊、珞珈山进行绘制，得到的武汉大学地物情况如图 6.8 所示。

6.2.2　搭建 SWMM 模型

根据 ArcGIS 数据在 SWMM 中搭建武汉大学洪涝灾害淹没的模型，以实现在搭建的模型中根据输入的降雨信息计算淹没范围和淹没深度并进行可视化表达的目的。

子汇水区域是所有模型建立的基础，它是利用地形和排水系统元素，将地表径流直接导向单一排放点的地表水文单元，可以理解为是模型中的最小集水单元。根据管网节点建立泰森多边形并按照地形的实际情况，建筑物的分布和道路的走向人为地进行调整。泰森多边形作为由邻近两点间线段的垂直平分线构成的多边形，具有一个泰森多边形内部任意的一个点到确定该多边形的点的距离最小，即小于到其他所有点的距离的特点，因此可以描绘出某一子汇水区域内的径流最终应该流向指定地点的现实情况，对本模型有一定的实际意义。在 ArcMap 中，根据这些简化抽象后的下水井节点对整个校区进行泰森多边形划分，如图 6.9 所示。

将整个研究区域划分成若干个子汇水区域单元来"收集"降水，然后流到

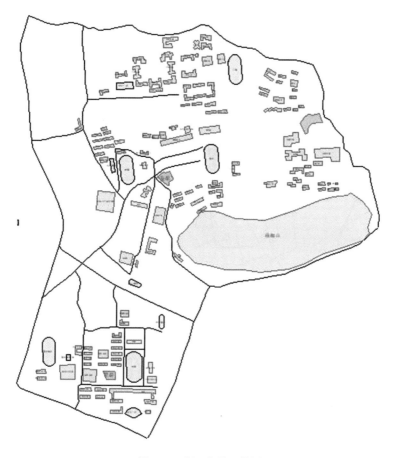

图 6.8　武汉大学地物图

该单元内所对应的下水井节点，如果有一个能够反映该子汇水区域地形的蓄水池承接来自下水节点溢流的水，就可以模拟出降水经过一系列的损耗后在地表的淹没情况。对每个子汇水区域所对应的 DEM 数据进行提取计算，得到地表高程与对应的面积统计曲线，并且转化为蓄水池的深度-面积曲线作为模型的地形输入。这样，模型中的水池由于池底的形状是现实世界地表的真实反映，就形成了对子汇水区域地形的抽象化表达，即形成了"地形水池"，这样也就把研究区域的 DEM 数据融合到了模型中。因此，需要将划分的每个子汇水区域的地表高程数据进行统计分析，并输入到 SWMM 蓄水池中去，使之能够对地表地形进行模拟，如图 6.10 所示。

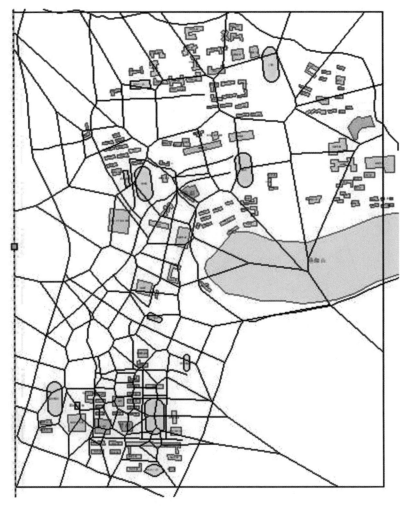

图 6.9　泰森多边形

这里以某一子汇水区域为例，其高程值为 e_1 到 e_n，对应的面积为 S_1 到 S_n，注意这里的面积是累积面积，即高程值 e_i 对应的面积为小于等于其高程的所有栅格的面积，与之对应的地形水池的水深 $h_i = e_i - e_1$，这样就可以得到反映水池形状的深度 h-面积 S 曲线。

提取到相应的数据后在 SWMM 环境下正式搭建本次实验模型。为每个子汇水区域添加对应的下水井节点和蓄水池，添加它们之间的管渠，管渠可以在

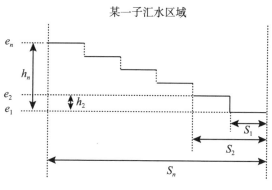

图 6.10　地形曲线的获取

它们的连接终端节点的内底之上，偏移一定的距离，即可以设定管渠的上下游偏移量。这就需要考虑到相应的高程信息，如图 6.11 所示。

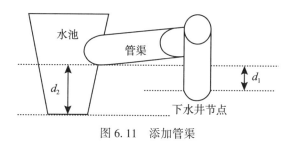

图 6.11　添加管渠

因为无法得知地下排水管线数据，故对排水问题做如下处理：下水井接收来自子汇水区域的降水径流后，只有当其水面高度大于 d_1 后水体才有可能流向相应的蓄水池，同时也要防止管渠的逆行坡度可能会导致水体倒流。这里通过设定管渠的上游偏移量略大于 d_1，下游偏移量为 d_2 来实现。这样，就实现了降雨后水体的流动：子汇水区域收集雨水，考虑土壤下渗后形成地表径流流向对应的下水井节点，当节点内水位高出一定值后流向地形水池，用以模拟降水在地表的流动和汇聚。

每个子汇水区域对应的地形水池建立之后，它们之间仍然是孤立存在的，这就可能导致一种比较极端的情况出现：在进行子汇水区域划分时，切割处理会在边界形成面积不到一个栅格的小单元，如果其恰好为该区域的最低点，那么最终的淹没区域图可能会在很多子汇水区域边界出现若干这样的零星淹没点，而且其最小高程值多代表的面积较少，并且当高程值在最小值的基础上增加 5m 左右，其对应的面积变化仍然不明显，会使得它们形成的地形水池在池底形成突出状的"尖角"，这也就导致了即便在区域面积和降水强度等其他因素相同的情况下，其蓄水深度仍然会较深，这便是边缘效应，与实际情况严重不符。

　　因此，还需要考虑它们之间的连通情况，以实现某一给定区域内的降水可能流向与之相邻的其他区域的客观事实。这可以通过在邻近的两个地形水池之间设置一根"连通管"来实现，这便需要用到 SWMM 中的可视化对象中的管渠，实现方法如图 6.12 所示。

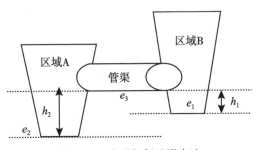

图 6.12　连通相邻地形水池

　　其中 h_1 为管渠的上游偏移量，h_2 为管渠的下游偏移量，分别通过管底高程与水池 A 和水池 B 对应的子汇水区域的最小高程 e_1 和 e_2，二者地形的边界最小高程 e_3 来确定，即 $h_1 = e_3 - e_1$，$h_2 = e_3 - e_2$。这样，无论哪个水池，当降雨不断增加导致水面高度先达到管渠的管底高程后，都会沿管渠流到另一个水池中去，这样就实现了水池间的连通，用以反映实际中水体在相邻不同子汇水区域间通过边界的最低点实现流动的情况。

　　对于管渠，无论是下水井节点与蓄水池之间，还是蓄水池之间，其作用都仅仅为连通引流，而 SWMM 中是会考虑管渠传输时的水损耗的，因此将其设置为较短的长度如 0.01m 时，其截面的宽度以 1m 为宜，但当进行特大暴雨模拟时，需要适当地增加其截面宽度以避免水流的阻塞。

6.2.3　淹没结果的表达

　　由于输出的结果只是单个子汇水区域的淹没曲线，对于将近 100 个区域，显然这样的结果并不能够直观地展示整个区域的淹没过程，因此需要对结果进行进一步的可视化表达，如图 6.13 所示。

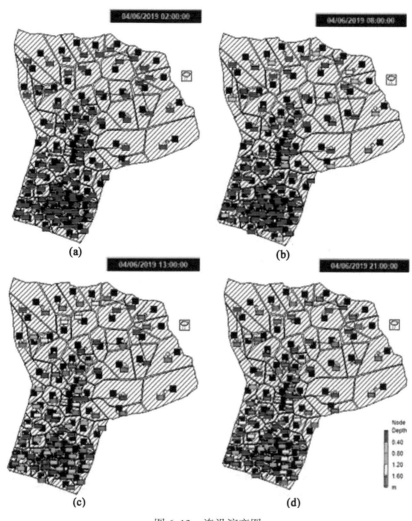

图 6.13　淹没演变图

图 6.13（a）（b）（c）（d）分别表示 2：00，8：00，13：00 和 21：00 四个时间点整个研究区域的淹没情况，其中图例的长方形小块的颜色分别代表该区域淹没的深度，这就在 SWMM 模型中对于整个区域的淹没情况有了大致的认识。为了进一步将淹没区域细化到某一教学楼或者某一宿舍的尺度，需要将淹没结

果在 ArcMap 中进行处理显示，将 24 小时降雨后的校区的淹没范围和深度进行可视化表达，还需要考虑以下因素：

①考虑到校内湖泊和东湖的蓄水作用，需要人为地将与湖泊相交（即与校区靠近东湖一侧的道路边界相交）的淹没栅格作处理，使之不被淹没。

②由于此次设计降雨的时间为连续 24 个小时，需要得到此次设计降雨导致的武大淹没分析图，考虑到从降雨到形成淹没区域在时间上的先后性，即淹没区的形成滞后于降水，因为有些子汇水区域内的降水本该流向其他地区，但是 24 小时的时候仍会有几厘米的积水，导致边缘效应仍然十分突出，为了避免这一情况的出现，需要把执行模拟的时间定在 25 小时。

因此，将淹没到的栅格赋以不同颜色，表示不同深度，最终得到武汉大学校区暴雨淹没形势，如图 6.14 所示。

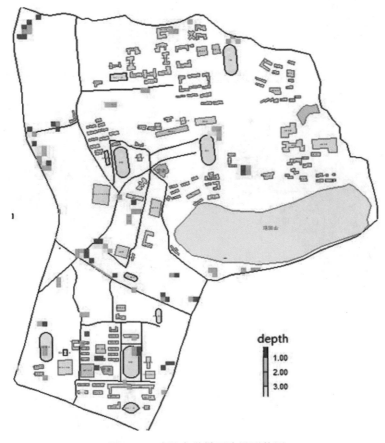

图 6.14　武汉大学暴雨淹没形势图

6.3 基于 SCS-CN 模型的淹没模型

6.3.1 等体积法

等体积法的基本原理：根据水流由高向低流动的重力特性和地形状况，以入侵洪水水量与淹没范围内的洪水总水量相等的原理来模拟洪水的淹没范围（蔡新等，2013）。为了方便计算，将洪水最终静止时的水面进行简化近似处理，将其看作一个水平的平面，即高程一致。被淹没区域的纵切示意图如图6.15 所示。

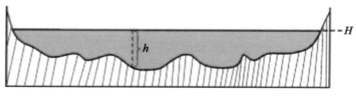

图 6.15 被淹没区域纵切示意图

一般用来计算洪水淹没范围的"等体积法"的公式为（陈三明，2014）：

$$W_1 = P \cdot S \tag{6.17}$$

$$W_2 = \iint_A [H - E_i(x, y)] \, d\sigma \tag{6.18}$$

式中，W_1 为降水体积；P 为降雨量（mm）；S 为淹没区域面积；W_2 为洪水总体积；H 为洪水水位；x、y 为被淹没区域内点的横纵坐标；$E_i(x, y)$ 为被淹没区域的一点的地面高程（m）；A 表示被淹没区域的地面这一个复杂曲面；$d\sigma$ 为淹没区域的面积微元；$H - E_i(x, y)$ 表示被淹没区域内一点从洪水水面到被淹没区域地面的高程即水深，记为 h。根据洪水的水量（降水体积）与被淹没区域内的洪水总量相等的原理，即 $W_1 = W_2$，可以通过降水量以及被淹没区域的地形特征来计算被淹没区域的范围以及淹没区的洪水水位。

体积法思想明确，计算流程清晰，如图6.16 所示。

等体积法的伪代码如算法6.1 所示。

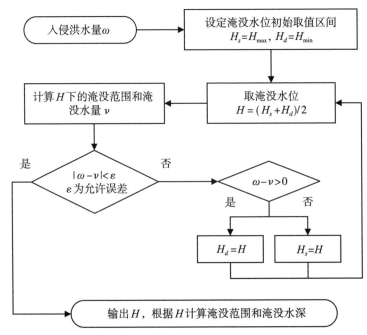

图 6.16　体积法计算流程图

算法 6.1　等体积法伪代码

输入：降雨量 P，研究区域面积 S，研究区域 DEM，限差 ϵ
输出：淹没区域面积 A，淹没水高 h
EqualVolume（P，S，DEM，ϵ）

1	$W_1 = P \cdot S$；$W_2 = 0$；hs = Hmax；hd = Hmin；//初始化参数
2	while　$\mid W_1 - W_2 \mid > \epsilon$　do
3	h = (hs+hd)/2
4	A = ComputeA(h)　　//计算 h 下的淹没范围 A
5	W_2 = ComputeW2(h)//计算 h 下的淹没水量 W_2
6	if　$W_1 - W_2 > \epsilon$ then hd = h
7	else hs = h
8	return h，A

上述是一般情况下的"等体积法",本节采用的计算方法在其基础上进行了适当的改进。本书考虑到了土壤入渗的过程,不能仅仅将降水的体积等同于洪水的体积,于是采用了由美国农业部水土保持局(SCS)提出的 SCS-CN 径流曲线法经验模型,并利用 MODIS 地表覆盖类型产品计算得到的研究区域内不同土壤覆盖类型的径流量 Q,才是本书中与最终洪水体积相等的量,即 $W_2 = Q$。由于公式中被洪水淹没的范围 A 与洪水水位 H 均为未知数,所以可以通过迭代的方式得到最优解,即可求得研究区域内的洪水淹没情况。

体积法也存在一些局限性,例如体积法没有考虑洪水的流速,这就无法确定网格大小与计算时间步长之间的关系;在计算淹没水位的过程中,采取先假定淹没水位高程,后搜索淹没贯通区域的顺序,这增加了淹没水位计算的循环次数和计算时间;此外,在特殊情况下(如地形为同一高程值),运用该法模拟时,在计算初始时间步长后淹没洪水将充满整个模拟区域,这与实际的洪水淹没过程相差很大,无法科学地反映出洪水淹没的时空特性。因此,如何基于体积法思想,解决体积法在运用过程中存在的问题,使之能够更加科学、合理地反映洪水的淹没过程是一项十分有意义的研究。

6.3.2 径流曲线法经验模型

径流曲线法(SCS-CN)经验模型是由美国农业部水土保持局(今为自然资源保护服务局,The United States Natural Resources Conservation Service,NRCS)20世纪40年代提出的一种针对较小的流域或无资料记载或资料缺失的流域,用来计算一定区域内的径流量以及洪水的洪峰量的方法(Boughton,1989)。《美国国家工程手册》第四部分(NEH-4,Section 4 of the *National Engineering Handbook*)首次对该模型进行了描述和定义(Service,1971)。

该模型的结构具有简单性、可预测性、普遍性和稳定性等特点,它只需要一个用来反映待测区域土地覆盖特征参数即径流曲线参数(CN)即可求出待测区域的径流量信息。SCS-CN 模型的基础是水平衡方程以及两个基本假定。水平衡方程的基本形式为:

$$P = I_a + F + Q \tag{6.19}$$

式中,P 为降雨量(mm),I_a 为原始退流(初损)(mm),F 为数实际入渗量(mm),Q 为集水区的实际直接地表径流量(mm)。

两个基本假定分别是:第一个假定是实际入渗量 F 与潜在最大蓄水能力 S 的比值等于集水区的实际直接地表径流量 Q 与流域最大潜在地表径流量 $P - I_a$

的比值，公式为：

$$\frac{Q}{P-I_a} = \frac{F}{S} \tag{6.20}$$

结合上述的两个公式可以得到径流曲线法的数学公式：

$$Q = \frac{(P-I_a)^2}{P-I_a+S} \tag{6.21}$$

第二个假定是原始退流（初损）I_a 等于潜在最大持流量 S 的一部分，公式为：

$$I_a = \lambda \cdot S \tag{6.22}$$

1954 年，美国土壤保持局（SCS）经过测试，发现此模型如果将原始退流（初损）I_a 设定为潜在最大蓄水能力 S 的 20% 时，可以作为原始退流比直接用于估算土壤的径流量，即可以得到原始退流（初损）I_a 与潜在最大蓄水能力 S 的经验关系式中：λ 的值为 0.2，径流曲线法的经验模型公式改进为：

$$Q = \begin{cases} \dfrac{(P-0.2S)^2}{P+0.8S}, & P > 0.2S \\ 0, & P \leq 0.2S \end{cases} \tag{6.23}$$

潜在径流量 S 与曲线数 CN 的经验转换关系为：

$$S = \frac{25400}{CN} - 254 \tag{6.24}$$

式中，CN 是无量纲参数，反映了流域特性及地表径流能力，该模型的关键便在于准确体现区域潜在径流量 CN 值的确定，确定了 CN 值便可以求出潜在最大蓄水能力 S 以及集水区的实际直接地表径流量 Q。采用美国农业部（USDA）发布的土壤质地分类方案，可以将土壤划分成 12 种质地。水土保持局中的 SCS-CN 模型根据土壤的特征将水文土壤分为 A、B、C、D 四组，其具体的分组情况见表 6.3。

表 6.3　　　　　　　　水文土壤类型（HSG）分组特征及组成

HSG	类　别	特　征	组　成
A	砂质土、砂质壤土、壤质砂土	产流潜力低，地表渗透率高	主要由埋藏深、易排水的砂和砾石组成

HSG	类 别	特 征	组 成
B	黏土、粉砂壤土、淤泥	产流潜力较低,中等渗透率	主要由中等至中等粗度的土壤组成
C	砂质黏壤土	产流潜力较高,渗透率低	主要由中等至细结构的土壤组成
D	黏壤土、粉砂黏土、粉质黏土壤土、黏土、砂质黏土、泥	径流潜力高,渗透率非常低	主要由黏土组成

采用的 CN 值来源于《美国国家工程手册》的第四部分(NEH-4),其中具体不同土壤覆盖类型不同 HSG 下的 CN 值见表 6.4。

表6.4　　　不同覆盖类型不同水文土壤类型(HSG)的 CN 值

土地覆盖类型	不同 HSG 的 CN 值			
	A	B	C	D
水体	N/A	N/A	N/A	N/A
常绿针叶林	34	60	73	79
常绿阔叶林	30	58	71	77
落叶针叶林	40	64	77	83
落叶阔叶林	42	66	79	85
混合森林	38	62	75	81
封闭灌木丛	45	65	75	80
开发灌木丛	49	69	79	84
热带多树草原	61	71	81	89
热带稀树草原	72	80	87	93
草原	49	69	79	84

土地覆盖类型	不同 HSG 的 CN 值			
	A	B	C	D
永久性湿地	30	58	71	78
农田	67	78	85	89
城市和建筑用地	80	85	90	95
农田/自然植被镶嵌用地	52	69	79	84
雪地和结冰地	N/A	N/A	N/A	N/A
裸地或低植被覆盖地	72	82	83	87
填充值/未分类地	N/A	N/A	N/A	N/A

SCS-CN 模型的伪代码如算法 6.2 所示。

算法 6.2　SCS-CN 模型伪代码

输入：降雨量 P，不同土壤覆盖类型的 CN 值，面积 S
输出：径流水体积 W
SCS-CN（P，S，CN）

```
1    W＝0//初始化参数
2    foreach 土地覆盖类型 do
3         S＝25400/CN−254
4         if P>0.2 · S    then
5              Q＝（P−0.2 · S）·（P−0.2 · S）/（P+0.8 · S）
6         else Q＝0
7         W←W+Q · S
8    return W
```

6.3.3　案例应用

本节案例采用的土壤覆盖类型数据来源于中国科学院计算机网络信息中心地理空间数据云平台（http：//www. gscloud. cn）的 MOD12Q1 1km 地表覆

盖类型 96 天合成产品。MODIS 的合成栅格数据产品中包含了五类分类标准，分别为国际地圈生物圈计划全球植被分类方案、马里兰大学植被分类方案、叶面积指数/光合有效辐射分量方案、净第一生产力方案以及植被功能型分类方案。MODIS 的具体土壤分类信息见表 6.5，表中分类方案中 IGBP 与 MND 较为相似，而剩下的三种分类方案较为相似，其中 IGBP 的分类方案最为详细。

表 6.5   **MODIS 土壤覆盖分类信息**

分类	IGBP	UMD	LAI / FPAR	NPP	FT
0	水	水	水	水	水
1	常绿针叶林	常绿针叶林	谷类及草本作物	常绿针叶林	常绿针叶林
2	常绿阔叶林	常绿阔叶林	灌木	常绿阔叶林	常绿阔叶林
3	落叶针叶林	落叶针叶林	阔叶作物	落叶针叶林	落叶针叶林
4	落叶阔叶林	落叶阔叶林	稀树草原	落叶阔叶林	落叶阔叶林
5	混交林	混交林	阔叶林	一年生阔叶植被	灌木
6	郁闭灌丛	郁闭灌丛	针叶林	一年生草本植被	草地
7	开放灌丛	开放灌丛	无植被覆盖区	无植被覆盖区	谷类作物
8	多树的草原	多树的草原	城市	城市	阔叶作物
9	稀树草原	稀树草原			城市和建成区
10	草原	草原			雪、冰
11	永久湿地				贫瘠及系数植被区
12	作物	作物			
13	城市和建成区	城市和建成区			
14	作物和自然植被的镶嵌体				
15	雪、冰				
16	裸地或低植被覆盖地	裸地或低植被覆盖地			
254	未分类区	未分类区	未分类区	未分类区	未分类区
255	填充值	填充值	填充值	填充值	填充值

由于 IGBP 的分类方案与 SCS-CN 模型的分类方法相似，本研究采用的是 IGBP 的分类方案。

利用 SCS-CN 径流曲线法经验模型得到不同土地覆盖类型的径流量以及研究区域的 DEM 数据并通过"等体积法"计算得到在降水量为 25mm、50mm、100mm、200mm 条件下的洪水淹没情况，如图 6.17 所示。

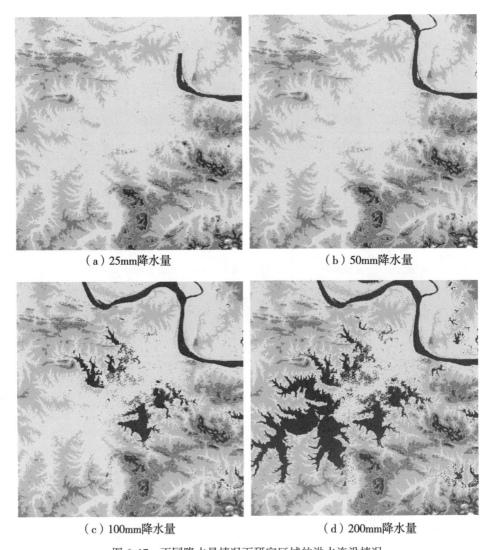

（a）25mm降水量　　　　　　　　　（b）50mm降水量

（c）100mm降水量　　　　　　　　　（d）200mm降水量

图 6.17　不同降水量情况下研究区域的洪水淹没情况

6.4　降雨-径流-淹没模型

6.4.1　模型概述

降雨-径流-淹没(RRI)模型(图 6.18)是一种能够同时模拟降雨径流和洪水淹没的二维模型(Sayama, et al., 2012),该模型对坡面单元和河道单元进行分别处理。在河道所在的网格单元中,模型假定坡面和河流都位于同一网格单元中。河道被离散化为一条沿坡面所在网格单元的中心线的线段。斜坡网格单元上的水流量通过二维扩散波模型计算,河道流量使用一维扩散波模型计算。为了更好地表示降雨-径流-淹没过程,RRI 模型还模拟侧向地下径流、垂直入渗和地表径流。侧向地下径流通常在山地区域研究更为重要,一般根据水动力梯度关系计算,饱和地下径流和地表径流根据同样原理计算。另外,垂直入渗的流量可以使用 Green-Ampt 模型(Rawls, et al., 1993)计算。最后,取决于水位高度和河堤高度,使用不同的漫流公式计算河道和坡地之间的水流交换。

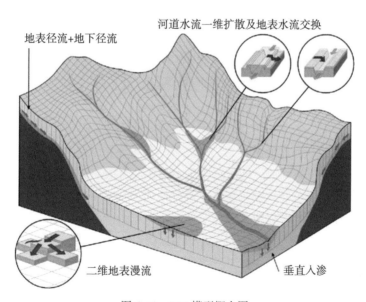

图 6.18　RRI 模型概念图

6.4.2　主要公式

RRI 模型通过质量平衡方程和动量方程来模拟地表上的渐变非恒定流。

$$\begin{cases} \dfrac{\partial h}{\partial t} + \dfrac{\partial q_x}{\partial x} + \dfrac{\partial q_y}{\partial y} = r \\[2mm] \dfrac{\partial q_x}{\partial t} + \dfrac{\partial u q_x}{\partial x} + \dfrac{\partial v q_x}{\partial y} = - gh\dfrac{\partial H}{\partial x} - \dfrac{t_x}{\rho_w} \\[2mm] \dfrac{\partial q_y}{\partial t} + \dfrac{\partial u q_y}{\partial x} + \dfrac{\partial v q_y}{\partial y} = - gh\dfrac{\partial H}{\partial y} - \dfrac{t_y}{\rho_w} \end{cases} \qquad (6.25)$$

式中，h 是水面距离地表的高度，q_x 和 q_y 分别是 x 和 y 方向的单位宽流量，u 和 v 分别是 x 和 y 方向的流速，r 是降雨强度，H 是水面距离基准面的高度，g 是重力加速度，t_x 和 t_y 分别是 x 和 y 方向的剪应力。通过使用曼宁方程并忽略公式 (6.25) 中第二个和第三个方程组中的惯性项并分离 x 和 y 方向，得到下面的方程：

$$\begin{cases} q_x = - \dfrac{1}{n} h^{5/3} \sqrt{\left| \dfrac{\partial H}{\partial x} \right|} \, \mathrm{sgn}\left(\dfrac{\partial H}{\partial x} \right) \\[3mm] q_y = - \dfrac{1}{n} h^{5/3} \sqrt{\left| \dfrac{\partial H}{\partial y} \right|} \, \mathrm{sgn}\left(\dfrac{\partial H}{\partial y} \right) \end{cases} \qquad (6.26)$$

式中，sgn 是符号函数，n 是粗糙度系数。

RRI 模型将质量平衡方程在空间上离散化形式：

$$\frac{\mathrm{d} h^{i,j}}{\mathrm{d} t} + \frac{q_x^{i,j-1} - q_x^{i,j}}{\Delta x} + \frac{q_y^{i-1,j} - q_y^{i,j}}{\Delta y} = r^{i,j} - f^{i,j} \qquad (6.27)$$

式中，$q_x^{i,j}$，$q_y^{i,j}$ 分别是坐标为 (i,j) 处的格网单元在 x 和 y 方向的水流量。每一个时间步长每个格网单元处的水流量和水深都可以计算出来。RRI 模型与其他淹没模型的一个重要区别就是前者可以使用不同形式的流量水利梯度关系，并以同样的算法同时模拟地表和地下径流。在考虑地下径流和地表径流的情况下，计算公式为：

$$q_x = \begin{cases} - kh\dfrac{\partial H}{\partial x}, & h \leqslant d \\[3mm] - \dfrac{1}{n}(h-d)^{5/3}\sqrt{\dfrac{\partial H}{\partial x}}\,\mathrm{sgn}\left(\dfrac{\partial H}{\partial x}\right) - k(h-d)\dfrac{\partial H}{\partial x}, & d < h \end{cases} \qquad (6.28)$$

$$q_y = \begin{cases} -kh\dfrac{\partial H}{\partial y}, & h \leq d \\[3mm] -\dfrac{1}{n}(h-d)^{5/3}\sqrt{\dfrac{\partial H}{\partial y}\,\mathrm{sgn}\!\left(\dfrac{\partial H}{\partial y}\right)} - k(h-d)\dfrac{\partial H}{\partial y}, & d < h \end{cases} \tag{6.29}$$

式中，k 是侧向饱和导水率，d 是土壤孔隙度乘以土壤深度的结果。

在进行模拟的时候，有些情况下垂直入渗是必须考虑的，在 RRI 模型中通过 Green-Ampt 入渗模型进行计算：

$$f = k_\nu\left[1 + \frac{(\phi - \theta_i)S_f}{F}\right] \tag{6.30}$$

式中，f 是入渗率，k_ν 是垂直方向的饱和导水率，ϕ 是土壤的孔隙度，θ_i 是初始含水量，S_f 是垂直湿润锋吸力，F 是累计入渗深度。

在河流所在的格网单元，RRI 模型采用一维扩散波模型进行计算，但是一维的(例如将 q_y 设置为 0)。其几何形状被假定为矩形，由宽度 W、深度 D 和河堤高度 H_e 所决定。当具体几何信息获取不了时，可以通过下列公式进行大概估算：

$$\begin{cases} W = C_W A^{S_W} \\ D = C_D A^{S_D} \end{cases} \tag{6.31}$$

式中，A 是集水区域面积(km^2)，C_W，S_W，C_D 和 S_D 是几何参数，W 和 D 的单位是 m。

坡面格网单元和上覆河流网格单元的水交换时是基于坡面水位、河流水位、地面高度和河堤高度计算得到，可以分为以下四种情形。不同情况分别采用不同的漫顶公式计算河流和坡面之间的单位长度水量交换。

(1)河流水位低于地面高度，水流从坡面流向河流，计算公式为：

$$q_{sr} = \mu_1 h_s \sqrt{gh_s} \tag{6.32}$$

式中，μ_1 是一个常系数 $(2/3)^{3/2}$，h_s 是坡面单元中的水深。只要河流水位低于地面高程，即使河堤存在，该公式依然能应用于计算坡面流向河流的水量。

(2)河流水位高于地面高度，但在河流与坡面的水位都低于河堤高度的情况下，坡面与河流两者之间没有水流交换。

(3)河流水位高于堤坝高度和坡面高度，水从河流流向坡面，计算公式为：

$$q_{rs} = \begin{cases} \mu_2 h_1 \sqrt{2gh_1}, & h_2/h_1 \leq 2/3 \\ \mu_3 h_2 \sqrt{2g(h_1 - h_2)}, & h_2/h_1 > 2/3 \end{cases} \tag{6.33}$$

式中，μ_2 和 μ_3 都是常系数，分别为 0.35 和 0.91，h_1 是河流水位和河堤之间的高差，h_2 是坡面水位与河堤之间的高差。

（4）当坡面水位高于河堤高度和河流水位时，水流从坡面流向河流，计算公式如式（6.33）一样。不过，h_1 是坡面和河流之间的高差，h_2 是坡面水位与河堤之间的高差。

RRI 模型采用五阶龙格-库塔方法和动态时间步长控制方法解算方程，该方法用普通五阶龙格-库塔公式求解常微分方程，并通过嵌入的四阶公式估计其误差，以控制时间步长（Cash and Karp，1990；Press，et al.，1992）。五阶龙格-库塔公式的常用形式为：

$$\begin{cases} k_1 = \Delta t f(t,\ h_t) \\ k_2 = \Delta t f(t + a_2 \Delta t,\ h_t + b_{21} k_1) \\ \cdots\cdots \\ k_6 = \Delta t f(t + a_6 \Delta t,\ h_t + b_{61} k_1 + \cdots + b_{65} k_5) \\ h_{t+1} = h_t + c_1 k_1 + c_2 k_2 + c_3 k_3 + c_4 k_4 + c_5 k_5 + c_6 k_6 + O(\Delta t^6) \end{cases} \tag{6.34}$$

而嵌入的四阶公式（Cash and Karp，1990）的计算形式为：

$$h_{t+1}^* = h_t + c_1^* k_1 + c_2^* k_2 + c_3^* k_3 + c_4^* k_4 + c_5^* k_5 + c_6^* k_6 + O(\Delta_t^5) \tag{6.35}$$

通过从 h_{t+1} 减去 h_{t+1}^*，可以通过 k_1 到 k_6 这几个参数来估计误差，形式如下：

$$\delta \equiv h_{t+1} - h_{t+1}^* = \sum_{i=1}^{6} (c_i - c_i^*) k_i \tag{6.36}$$

这些常数参数值（a_i，b_{ij}，c_i，c_i^*）可以使用 Cash 和 Karp（Cash and Karp，1990）推荐的值。如果误差 δ 超过预期误差 δ_d，使用一个更小的时间步长 Δt_{post} 计算 h_{t+1}。

$$\Delta t_{post} = \max\left(0.9\Delta t \left|\frac{\delta_d}{\delta}\right|^{0.25},\ 0.5\Delta t\right) \tag{6.37}$$

RRI 淹没法的伪代码如算法 6.3 所示。

算法 6.3　RRI 淹没模型算法

输入：降雨数据 P，数字高程模型 DEM，水流流向 DIR，汇水面积 ACC，土地覆盖类型 Soil

输出：淹没范围 A，淹没水深 depth 和河流水流量 discharge

RRIModel（P，DEM，DIR，ACC，Soil）

1	初始化时间步长 Δt 和初始时间 t_0;
2	初始化土壤类型相关参数以及河道相关参数
3	while $t_i < T$ do
4	根据龙格-库塔方法计算径流量、坡道水深以及误差 δ
5	while $\delta > \delta_d$ do
6	更新时间步长 $\Delta t_{post} = \max\left(0.9\Delta t \left\vert \dfrac{\delta_d}{\delta} \right\vert^{0.25}, \ 0.5\Delta t \right)$
7	使用新的时间步长重新计算
8	计算河道水流量与水深
9	计算河道与坡道间水流交换并更新两者水深
10	更新时间 $t_i = t_i + \Delta t$

6.4.3 案例应用

以福建省九龙江流域作为实验区域,采用 RRI 模型软件模拟 2016 年台风"莫兰蒂"登陆福建九龙江流域的降雨-径流-淹没的时空演变。在这里用到的数据有：15s 的数字高程模型数据、河流流向数据、径流分布数据、地表覆盖和土壤类型数据,以及 2016 年 9 月 14 日 22：00 到 2016 年 9 月 16 日 12：00 的九龙江流域降雨数据。模拟结果显示长泰县淹没历时最长,面积大,损失严重,这与实际灾情相符合。模拟部分结果如图 6.19 所示。

6.5 风暴潮增水-城市淹没的情景构建

选择"山竹"台风为研究对象,通过资料搜集分析,提取了"山竹"灾害过程中关键的事件节点,结合有关部门的灾情报道以及相关模型的计算分析,对事件中的典型情景进行分析以及合理假设,推演再现其发展演化的过程。

6.5.1 情景构建概要

情景推演是基于灾害事件发生的时间序列,对于风暴潮灾害,主要是基于台风行进路径的时间节点,因此,将推演中的时间划分为两个维度,一个是当前台风所在路径的真实时间轴,另一个是预测台风路径的未来时间轴。可以任

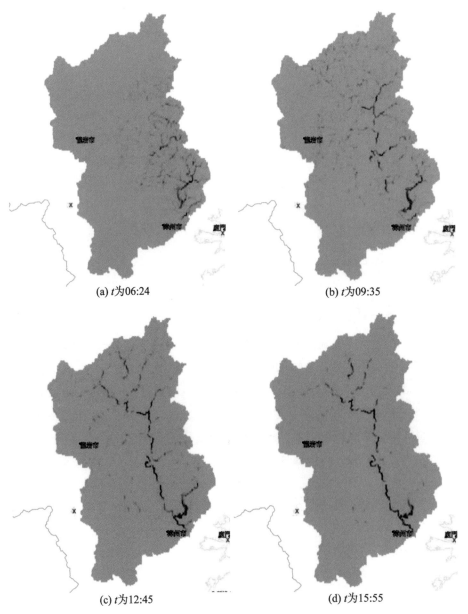

(a) t 为06:24　　　　　　　　　　　(b) t 为09:35

(c) t 为12:45　　　　　　　　　　　(d) t 为15:55

图 6.19　2016 年 9 月 15 日九龙江流域降雨-径流-淹没演变图

意选取真实时间轴上的关键时间点生成初始情景节点，根据预报台风路径的未来时间点生成情景树的子节点，依次类推，从而生成该时间节点对应的情景树，情景树节点与可视化界面上台风路径节点相对应。

（1）新建情景节点：

系统在新建情景节点时，可以手动输入参数创建，也可以在可视化地图上直接读取点信息，生成树节点。每一个树节点可以对其进行相应的操作：新增子节点、删除节点、详情展示、模型分析和可视化。

（2）详情展示：

对于情景树上每一个情景节点，都可以查看其详情，包括在该节点处的各类要素信息，例如台风参数，增水和淹没详情，影响范围内的各类承灾体信息，以及该节点的情景编码。

（3）模型分析：

每一个树节点都可以进行模型分析，包括次生灾害分析、情景安全熵分析、承灾体脆弱性分析。次生灾害分析是基于台风缓冲区分析和次生事件链模型，可生成一棵单独的次生事件树，表示在该时间点可能受损的承灾体引发的一系列次生事件；承灾体脆弱性分析则是基于承灾体自身的属性评估其抗灾能力；情景安全熵则是表示该情景节点的整体风险，对每个情景计算一个情景熵，可得到表示这条推演路径下灾情的整体变化情况。通过情景熵的分析，可以对当前情景节点的灾情划分等级，并给节点赋予不同颜色，以直观地表示出其严重程度，便于辅助决策。

（4）可视化：

每个情景树节点都可以在可视化界面查看其对应各类要素的可视化结果，以及部分小场景中更为精细的三维模拟效果。

6.5.2 初始情景构建

台风"山竹"大约在 2018 年 9 月 16 日开始对我国近海地区及沿海城市产生影响，并逐渐向广东南部方向移动。我们选取 9 月 16 日 11 时为一个关键时间节点，构建初始情景，模拟当前时刻的情景推演过程。

初始情景的描述包括：台风"山竹"在 9 月 16 日 11:00 时刻其中心点所在的位置，在当前时刻台风的各级风圈半径的影响范围，以及造成的沿岸增水情况；在深圳站监测的潮位和增水情况，可能的淹没区域，在该情形下波及的承灾体类别；选取典型的几类承灾体示范，承灾体在情景库中是分级存储的，例如"深圳宝安国际机场"，存储在重点保护目标—交通设施—海滨机场类中，确定了类别编码后，就可以找到对应的承灾体关键属性，从而进行后续的情景分析。

情景要素的详情包括：

(1)台风详情。时间：9 月 16 日 11 时；位置：114.7°E，21°N；最大风速：48m/s；中心气压：945Pa；移动速度：30km/h；七级风圈半径：400km；十级风圈半径：200km；十二级风圈半径：80km。

(2)增水信息。监测站点：赤湾站；增水时段：11：00—13：00；最大增水：96cm。

(3)承灾体信息。①承灾体编码：406A1；承灾体类别：海滨机场；名称：深圳宝安国际机场；建成时间：1991 年 10 月；地理位置：113.49°E，22.36°N；占地面积：45.1 万平方米。②承灾体编码：405B1；承灾体类别：货运码头；名称：大铲湾码头；地理位置：113.85°E，22.5°N；占地面积：11.2 万平方米；泊位个数：5。③承灾体编码：406B1；承灾体类别：主要公路；名称：珠三角环线高速；建成时间：2018 年 10 月；全长：470.6km。

此时台风七级风圈已经波及广州东南沿海的一些城市，但十级风圈才刚及岸，在赤湾站监测的增水达到了 96cm，该增水范围内受到影响最严重的是深圳宝安国际机场和大铲湾码头，水陆空三方面的交通都会严重受阻。

6.5.3　预报路径 4h 后情景

初始情景构建后，可以构建下一子节点。在每个真实时间点，都会有多条台风预报路径，每条路径上的任意预报时间点都可以作为情景树的下一节点，每一条路径则可以作为情景树的一条分支。选定一个预报点，即可显示当前时间到该预报时间段中台风路径的缓冲区范围，从而获取该时间段中可能受影响的承灾体信息。

选择中国大陆的预报路径上 4h 后的时间点作为一个子节点，也就是在 9 月 16 日 15：00 时刻台风可能会到达的下一个点。该时间点的情景要素详情如下：

(1)台风详情。时间：9 月 16 日 15 时；位置：112.9°E，21.8°N；最大风速：42m/s；中心气压：945Pa；移动速度：30km/h；七级风圈半径：380km；十级风圈半径：200km；十二级风圈半径：80km。

(2)增水信息。监测站点：赤湾站；增水时段：15：00～16：00；最大增水：173cm。

(3)新增承灾体信息。①承灾体编码：407A1；承灾体类别：核电站；名称：台山核电站。②承灾体编码：408B1；承灾体类别：海上钻井平台；名称：文昌钻井平台；③承灾体编码：407B1；承灾体类别：发电站；名称：青山发电站；④承灾体编码：407B2；承灾体类别：发电站；名称：龙鼓滩发电站。

对该时间点进行次生事件分析，也就是从 11：00 到 15：00 这一时间段内，随着台风的移动和增水的加大，会影响到的承灾体，以及可能产生的次生事件及危害。分析结果：风暴潮侵袭钻井平台，可能会引发海上溢油事故；发电站的电力设施受损，可能会引起城市大面积停电事故，进而引发交通事故。风暴潮引起增水 3m 淹没范围示意图如图 6.20 所示。

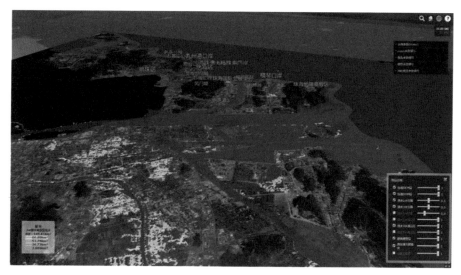

图 6.20　风暴潮引起增水 3m 淹没范围示意图

可以看到，当前台风正在向广东省台山市方向移动，台风的核心风圈也已经影响到沿岸，在赤湾站监测的增水达到了 173cm，将会继续影响交通，内陆城市也有被淹没的风险，同时该站点附近的几个发电站、核电站也会受到影响，台风经过的文昌钻井平台也会受到风暴增水带来的冲击。

6.5.4　改变驱动力要素构建新的情景

情景节点的构建除了可以选择台风真实或者预报路径上已有的时间点外，也可以在某一时刻的点，人为地改变某一类关键驱动力要素，输入相关的节点信息，构建一个认为假设的情景，并在该条件下进行情景分析。

在中国大陆的预报路径上 4h 的节点处,假设风力比预报的风力值要大,同时相应的增水也会增大,那么此时就会产生一个新的情景。此时的情景详情如下:

(1)台风详情。时间:09 月 16 日 15 时;位置:112.9°E,21.8°N;最大风速:48m/s;中心气压:950Pa;移动速度:38km/h;七级风圈半径:420km;十级风圈半径:200km;十二级风圈半径:80km。

(2)增水信息。监测站点:赤湾站;增水时段:17:00~19:00;最大增水:546cm。

(3)新增承灾体信息。承灾体编码:301A1;承灾体类别:一线堤坝。

风暴增水突然增大,可能导致堤坝溃堤,海水倒灌引发城市内涝,图 6.21 为风暴潮引起增水 5m 后的淹没范围示意图。

图 6.21 风暴潮引起增水 5m 后的淹没范围示意图

可以看到,若增水突然增大,很容易引发堤坝溃堤、海水倒灌等灾害,内陆淹没范围也将增大。

参 考 文 献

1. 安喆. 武汉市暴雨内涝灾害风险评估和预警机制[D]. 武汉：武汉大学, 2017.

2. 鲍培明. 基于 BP 网络的模糊 Petri 网的学习能力[J]. 计算机学报, 2004, 27(5)：695-702.

3. 蔡新, 李益, 吴威, 等. 基于体积法思想的洪水淹没元胞自动机模型[J]. 水力发电学报, 2013, 32(05)：30-34.

4. 蔡林, 李英冰, 邹子昕. 基于分级栅格化和改进细化算法的轨迹数据路网生成研究[J]. 数字制造科学, 2019, 17(04)：309-313.

5. 车宏安, 顾基发. 无标度网络及其系统科学意义[J]. 系统工程理论与实践, 2004(04)：11-16.

6. 陈长坤, 纪道溪. 基于复杂网络的台风灾害演化系统风险分析与控制研究[J]. 灾害学, 2012, 27(01)：1-4.

7. 陈长坤, 孙云凤, 李智. 冰雪灾害危机事件演化及衍生链特征分析[J]. 灾害学, 2009, 24(01)：18-21.

8. 陈海峰. 基于 AHP-熵值法的税源风险评估研究——以滨海市房地产业为例[D]. 厦门：厦门大学, 2014.

9. 陈景. 基于粗糙集理论的暴雨规则挖掘及相似检索[D]. 天津：天津大学, 2009.

10. 陈琼. 基于 SWMM 模型下建设海绵城市的 LID 措施研究[J]. 绿色环保建材, 2019, 144(2)：82-83.

11. 陈思. 基于 SCS 和 GIS 的城市内涝过程模拟及风险评估[D]. 武汉：长江科学院, 2019.

12. 陈悦, 陈超美, 刘则渊, 等. CiteSpace 知识图谱的方法论功能[J]. 科学学研究, 2015(02)：242-253.

13. 成静. 基于 DEM 的有源洪水淹没分析算法[J]. 科技·经济·市场, 2015(12)：119-120.

14. 程卫帅，陈进，刘丹．洪灾风险评估方法研究综述［J］．长江科学院院报，2010（09）：17-24.

15. 地球科学大辞典编辑委员会．地球科学大辞典——应用学科卷［M］．北京：地质出版社，2005.

16. 董海鹰，党建武．基于框架式模糊petri网列车专家控制系统知识表示研究［J］．铁道学报，2000，22（3）：112-115.

17. 董欣，杜鹏飞，李志一，等．SWMM模型在城市不透水区地表径流模拟中的参数识别与验证［J］．环境科学，2008，29（006）：1495-1501.

18. 丁燕，史培军．台风灾害的模糊风险评估模型［J］．自然灾害学报，2002（01）：34-43.

19. 丁燕．台风灾害的模糊风险评估模型［D］．北京：北京师范大学，2002.

20. 方锦清，汪小帆，郑志刚，等．一门崭新的交叉科学：网络科学（上）［J］．物理学进展，2007（03）：239-343.

21. 冯锦明，赵天保，张英娟．基于台站降水资料对不同空间内插方法的比较［J］．气候与环境研究，2004，9（2）：261-277.

22. 郭增建，秦保燕．灾害物理学简论［J］．灾害学，1987（02）：25-33.

23. 郭桂祯，赵飞，王丹丹．基于脆弱性曲线的台风-洪涝灾害链房屋倒损评估方法研究［J］．灾害学，2017，32（04）：94-97.

24. 哈斯，张继权，佟斯琴，等．灾害链研究进展与展望［J］．灾害学，2016，31（02）：131-138.

25. 何红艳，郭志华，肖文发．降水空间插值技术的研究进展［J］．生态学杂志，2005（10）：1187-1191.

26. 何炎祥，刘健博，刘楠，彭敏，陈强，何静．基于改进人口模型的微博话题趋势预测［J］．通信学报，2015，36（04）：5-12.

27. 洪国平，柳晶辉，万君，等．武汉市区内涝易发风险区划［C］．2014.

28. 胡波，丁烨毅，何利德，等．基于模糊综合评价的宁波暴雨洪涝灾害风险区划［J］．暴雨灾害，2014，33（04）：380-385.

29. 胡娟，李智欢，段献忠．电力调度数据网结构特性分析［J］．中国电机工程学报，2009，29（04）：53-59.

30. 黄崇福．自然灾害风险分析的基本原理［J］．自然灾害学报，1999（02）：3-5.

31. 黄崇福. 自然灾害风险评价：理论与实践[M]. 北京：科学出版社，2005.

32. 黄崇福. 自然灾害动态风险分析基本原理的探讨[J]. 灾害学，2015，30(02)：1-7.

33. 黄崇福. 风险分析基本方法探讨[J]. 自然灾害学报，2011，20(5)：1-10.

34. 扈海波，轩春怡，诸立尚. 北京地区城市暴雨积涝灾害风险预评估[J]. 应用气象学报，2013(01)：101-110.

35. 李纲，陈思菁，毛进，等. 自然灾害事件微博热点话题的时空对比分析[J]. 数据分析与知识发现，2019，3(11)：1-15.

36. 李炅菊，黄宏光，舒勤. 相依网络理论下电力通信网节点重要度评价[J]. 电力系统保护与控制，2019，47(11)：143-150.

37. 李兰，周月华，叶丽梅，等. 基于 GIS 淹没模型的流域暴雨洪涝风险区划方法[J]. 气象，2013，39(1)：112-117.

38. 李平兰，杨雯，蔡自勇. 基于 GIS 技术的会东县暴雨洪涝灾害风险区划[J]. 现代农业科技，2018，000(2)：231-233.

39. 李双双，杨赛霓，刘宪锋，等. 2008 年中国南方低温雨雪冰冻灾害网络建模及演化机制研究[J]. 地理研究，2015，34(10)：1887-1896.

40. 刘爱华. 城市灾害链动力学演变模型与灾害链风险评估方法的研究[D]. 长沙：中南大学，2013.

41. 刘昌杰. 基于 GIS 的气象灾害风险精细化评估系统研究与实现[D]. 南京：南京信息工程大学，2012.

42. 刘涤尘，冀星沛，王波，等. 基于复杂网络理论的电力通信网拓扑脆弱性分析及对策[J]. 电网技术，2015，39(12)：3615-3621.

43. 刘光孟，汪云甲，王允. 反距离权重插值因子对插值误差影响分析[J]. 中国科技论文，2010(11)：47-52.

44. 刘爱华，吴超. 基于复杂网络的灾害链风险评估方法的研究[J]. 系统工程理论与实践，2015，35(02)：466-472.

45. 刘娜. 南京市主城区暴雨内涝灾害风险评估[D]. 南京：南京信息工程大学，2013.

46. 刘甜，方建，马恒，等. 全球陆地气候气象及水文灾害死亡人口时空格局及影响因素分析(1965—2016 年)[J]. 自然灾害学报，2019，28(03)：8-16.

47. 刘新立，史培军. 空间不完备信息在区域自然灾害风险评估中的处理与应用-理论部分[J]. 自然灾害学报, 1999(04): 3-5.

48. 刘新立, 史培军. 空间不完备信息条件下的区域自然灾害风险评估——实例部分[J]. 自然灾害学报, 2000(01): 26-32.

49. 柳盛, 吉根林. 空间聚类技术研究综述[J]. 南京师范大学学报: 工程技术版, 2010, 10(02): 57-62.

50. 马国斌, 李京, 蒋卫国, 等. 基于气象预测数据的中国洪涝灾害危险性评估与预警研究[J]. 灾害学, 2011, 26(03): 8-12.

51. 马浚洋, 傅颖诗, 张曾莲. 学前教育收费成为家长生育二孩的制约因素——基于微博数据下"二孩政策"放开的案例分析[J]. 中国管理信息化, 2016, 19(13): 166-170.

52. 马砺, 刘晗, 白磊. 基于 AHP 和熵权法的古建筑火灾风险评估[J]. 西安科技大学学报, 2017, 37(04): 537-543.

53. 孟菲, 康建成, 李卫江, 等. 50 年来上海市台风灾害分析及预评估[J]. 灾害学, 2007(04): 71-76.

54. 潘安定, 唐晓春, 刘会平. 广东沿海台风灾害链现象与防治途径的设想[J]. 广州大学学报: 自然科学版, 2002(03): 55-61.

55. 裘江南, 刘丽丽, 董磊磊. 基于贝叶斯网络的突发事件链建模方法与应用[J]. 系统工程学报, 2012(06): 739-750.

56. 欧进萍, 段忠东, 常亮. 中国东南沿海重点城市台风危险性分析[J]. 自然灾害学报, 2002(04): 9-17.

57. 深圳市交通运输委员会. 台风过后深圳地铁 183 个地铁车站无一进水[Z]. 2018: 2020.

58. 深圳市气象局. 2018 年深圳市气候公报[R]. 2018.

59. 深圳新闻网. 台风"山竹"后通信恢复 电信 212 个通信机房全部复通[N]. 2018.

60. 史培军. 灾害研究的理论与实践[J]. 南京大学学报, 1991(11): 37-42.

61. 史培军. 再论灾害研究的理论与实践[J]. 自然灾害学报, 1996(04): 8-19.

62. 史培军. 三论灾害研究的理论与实践[J]. 自然灾害学报, 2002(03): 1-9.

63. 史培军. 四论灾害系统研究的理论与实践[J]. 自然灾害学报, 2005(06): 1-7.

64. 史培军. 五论灾害系统研究的理论与实践[J]. 自然灾害学报, 2009, 18(05): 1-9.

65. 史培军, 吕丽莉, 汪明, 等. 灾害系统: 灾害群、灾害链、灾害遭遇 [J]. 自然灾害学报, 2014, 23(06): 1-12.

66. 史培军, 王季薇, 张钢锋, 等. 透视中国自然灾害区域分异规律与区划研究[J]. 地理研究, 2017, 36(8): 1401-1414.

67. 史培军, 周武光, 方伟华, 等. 土地利用变化对农业自然灾害灾情的影响机理(二)——基于家户调查、实地考察与测量、空间定位系统的分析 [J]. 自然灾害学报, 1999(03): 3-5.

68. 施程. 清代浙江省登陆台风及其社会响应[D]. 金华: 浙江师范大学, 2014.

69. 石勇. 灾害情景下城市脆弱性评估研究[D]. 上海: 华东师范大学, 2010.

70. 宋冬梅, 刘春晓, 沈晨, 等. 基于主客观赋权法的多目标多属性决策方法[J]. 山东大学学报: 工学版, 2015, 45(04): 1-9.

71. 帅嘉冰, 徐伟, 史培军. 长三角地区台风灾害链特征分析[J]. 自然灾害学报, 2012, 21(03): 36-42.

72. 孙海, 王乘. 利用 DEM 的"环形"洪水淹没算法研究[J]. 武汉大学学报: 信息科学版, 2009(08): 70-73.

73. 孙建霞. 基于 GIS 和 RS 技术的吉林省暴雨洪涝灾害风险评价[D]. 长春: 东北师范大学, 2010.

74. 孙可. 复杂网络理论在电力网中的若干应用研究[D]. 杭州: 浙江大学, 2008.

75. 孙绍骋. 灾害评估研究内容与方法探讨[J]. 地理科学进展, 2001 (02): 122-130.

76. 汤国安, 赵牡丹, 杨昕, 等. 地理信息系统 [M]. 第二版. 北京: 科学出版社, 2010.

77. 汤奕, 王琦, 倪明, 等. 电力和信息通信系统混合仿真方法综述[J]. 电力系统自动化, 2015, 39(23): 33-42.

78. 王春乙, 张继权, 霍治国, 等. 农业气象灾害风险评估研究进展与展望[J]. 气象学报, 2015(1): 1-19.

79. 王静爱, 雷永登, 周洪建, 等. 中国东南沿海台风灾害链区域规律与适应对策研究[J]. 北京师范大学学报: 社会科学版, 2012(02): 130-138.

80. 王静爱，史培军，刘颖慧，等．中国 1990—1996 年冰雹灾害及其时空动态分析[J]．自然灾害学报，1999(03)：3-5.

81. 王劲峰，廖一兰，刘鑫．空间数据分析教程[M]．北京：科学出版社，2010.

82. 王然，连芳，余瀚，等．基于孕灾环境的全球台风灾害链分类与区域特征分析[J]．地理研究，2016，35(05)：836-850.

83. 汪小帆，李翔，陈关荣．复杂网络理论及其应用[M]．北京：清华大学出版社，2006.

84. 万君，周月华，王迎迎，等．基于 GIS 的湖北省区域洪涝灾害风险评估方法研究[J]．暴雨灾害，2007，26(4)：42-47.

85. 温泉沛，周月华，霍治国，等．湖北暴雨洪涝灾害脆弱性评估的定量研究[J]．中国农业气象，2018，39(08)：547-557.

86. 温跃修，胡彩虹，荐圣淇．郑州市区暴雨洪涝风险区划研究[J]．人民珠江，2018，39(12)：20-26.

87. 翁文国，倪顺江，申世飞，等．复杂网络上灾害蔓延动力学研究[J]．物理学报，2007(04)：1938-1943.

88. 沃德 迈克尔·d.，克里斯蒂安·格里蒂奇．空间回归模型[M]．上海：格致出版社，2012.

89. 吴畅．长江中下游地区洪水灾害风险评价[D]．武汉：武汉大学，2018.

90. 吴宴华，须文波．结合遗传算法优化模糊 Petri 网的参数[J]．微计算机信息，2005(35)：174-175，148.

91. 吴之立．突发事件下城市关键基础设施的应急策略研究[D]．上海：上海交通大学，2012.

92. 邬伦．地理信息系统：原理、方法和应用[M]．北京：科学出版社，2001.

93. 鲜铁军．基于 GIS 的南充市暴雨洪涝农业气象灾害风险区划与评估[J]．现代农业科技，2018(23)：199-202.

94. 徐建华．计量地理学[M]．北京：高等教育出版社，2014：186-198.

95. 许光清，邹骥．系统动力学方法：原理、特点与最新进展[J]．哈尔滨工业大学学报：社会科学版，2006(04)：72-77.

96. 杨仕升．自然灾害等级划分及灾情比较模型探讨[J]．自然灾害学报，1997(01)：10-15.

97. 叶金玉，林广发，张明锋．福建省台风灾害链空间特征分析[J]．福建师范大学学报：自然科学版，2014，30（02）：99-106.

98. 余瀚，王静爱，柴玫，等．灾害链灾情累积放大研究方法进展[J]．地理科学进展，2014，33（11）：1498-1511.

99. 于庆东，沈荣芳．自然灾害综合灾情分级模型及应用[J]．灾害学，1997（03）：12-17.

100. 赵秀英，王耀强，李洪玉，等．基于 DEM 的有源淹没算法设计与实现——以种子蔓延法为例[J]．科技导报，2012，30（08）：61-64.

101. 张冲．基于 CBR 与 RBR 融合推理的林火扑救方案生成系统研究[D]．哈尔滨：哈尔滨工程大学，2010.

102. 张洪波，李哲浩，席秋义，等．基于改进过白化的 Mann-Kendall 趋势检验法[J]．水力发电学报，2018，37（06）：34-46.

103. 张会，张继权，韩俊山．基于 GIS 技术的洪涝灾害风险评估与区划研究——以辽河中下游地区为例[J]．自然灾害学报，2005（06）：141-146.

104. 张继权，冈田宪夫，多多纳裕一．综合自然灾害风险管理——全面整合的模式与中国的战略选择[J]．自然灾害学报，2006（1）：29-37.

105. 张继权，李宁．主要气象灾害风险评价与管理的数量化方法及其应用[M]．北京：北京师范大学出版社，2007.

106. 张继权，蒋新宇，周静海．基于多指标的多空间尺度暴雨洪涝灾害风险评价研究[J]．上海防灾救灾研究所 20 周年庆典会议研究短文集，2009.

107. 张念强．基于 GIS 的鄱阳湖地区洪水灾害风险评价[D]．南昌：南昌大学，2006.

108. 张英菊，仲秋雁，叶鑫，等．CBR 的应急案例通用表示与存储模式[J]．计算机工程，2009，35（17）：28-30.

109. 张卫星，周洪建．灾害链风险评估的概念模型——以汶川 5·12 特大地震为例[J]．地理科学进展，2013，32（01）：130-138.

110. 张勇，赵勇，王景亮，等．台风对电网运行影响及应对措施[J]．南方电网技术，2012，6（01）：42-45.

111. 刘佳，陈元昭，江崟．1822 号台风"山竹"影响期间深圳大风特征初步分析[J]．广东气象，2019，41（05）：11-14.

112. 韩晶．台风山竹和天鸽对珠海沿海风暴潮增水影响[J]．吉林水利，2019（08）：47-49+53.

113. 赵思健，黄崇福，郭树军．情景驱动的区域自然灾害风险分析[J].

自然灾害学报，2012，21（1）：9-17.

114. 赵思健．自然灾害时空风险评估框架与模型研究［C］.中国江苏，南京：2012.

115. 郑辉．南京市主城区暴雨内涝灾害预报模拟［D］.南京：南京信息工程大学，2014.

116. 中国电力新闻网．"山竹"｜深圳供电连夜进行灾后抢修工作［N］.2018.

117. 周俊华，史培军，方伟华．1736—1998 年中国洪涝灾害持续时间分析［J］.北京师范大学学报：自然科学版，2001（03）：409-414.

118. 周成虎，万庆，黄诗峰，等．基于 GIS 的洪水灾害风险区划研究［J］.地理学报，2000，55（1）：15-24.

119. 周涛，柏文洁，汪秉宏，等．复杂网络研究概述［J］.物理，2005（01）：31-36.

120. 周逸欢，徐建刚，杜金莹．基于 AHP-熵值法的广东省城市韧性分级评估研究［C］.2019.

121. 周月华，彭涛，史瑞琴．我国暴雨洪涝灾害风险评估研究进展［J］.暴雨灾害，2019，38（05）：494-501.

122. 朱海燕．GIS 空间分析方法在热带气旋研究中的应用［D］.上海：华东师范大学，2005.

123. 刘双．台风-内涝灾害链的城市脆弱性评估［D］.武汉：武汉大学，2019.

124. 刘海珠．台风"山竹"时空演变与社会响应［D］.武汉：武汉大学，2019.

125. Barabási A L, Albert R. Emergence of scaling in random networks. science［J］. Science, 1999, 286(5439)：509-512.

126. Birkmann J, Cutter S L, Rothman D S, et al. Scenarios for vulnerability：opportunities and constraints in the context of climate change and disaster risk［J］. Climatic Change, 2015, 133(1)：53-68.

127. Boughton W. A review of the USDA SCS curve number method［J］. Soil Research, 1989, 27(3)：511-523.

128. Buldyrev S V, Parshani R, Paul G, et al. Catastrophic cascade of failures in interdependent networks［J］. Nature, 2010, 464(7291)：1025-1028.

129. Bush B, Dauelsberg L, Leclaire R, et al. Critical infrastructure protection

decision support system（CIP/DSS）overview［R］. Los Alamos National Laboratory Report LA-UR-05-1870, Los Alamos, NM 87544, 2005.

130. Buzna L, Peters K, Helbing D. Modelling the dynamics of disaster spreading in networks［J］. Physica A-Statistical Mechanics and Its Applications, 2006, 363(1): 132-140.

131. Cutter S L, Barnes L, Berry M. A place-based model for understanding community resilience to natural disasters［J］. Global Environmental Change-Human And Policy Dimensions, 2018, 18(4): 598-606.

132. Cash J R, Karp A H. A variable order Runge-Kutta method for initial value problems with rapidly varying right-hand sides［J］. Acm Transactions on Mathematical Software, 1990, 16(3): 201-222.

133. Chang C, Wang L, Liu Y, et al. CBR based expert system for house repair after earthquake［C］. Proceedings of 2010 International Conference on Logistics Systems And Intelligent Management, 2010.

134. Dai Q, Zhu X, Zhuo L, et al. A hazard-human coupled model (HazardCM) to assess city dynamic exposure to rainfall-triggered natural hazards［J］. Environmental Modelling & Software, 2020, 127: 104684.

135. Fotheringham A S, Brunsdon C, Charlton M E. Quantitative Geography: Perspectives on Spatial Data Analysis［M］. SAGE Publication, 2000.

136. Fotheringham A S, Charlton M, Brunsdon C. The geography of parameter space: an investigation of spatial non-stationarity［J］. International Journal of Geographical Information Systems, 1996, 10(5): 605-627.

137. Gallina V, Torresan S, Critto A, et al. A review of multi-risk methodologies for natural hazards: Consequences and challenges for a climate change impact assessment［J］. Journal of Environmental Management, 2016, 168: 123-132.

138. Gao J, Buldyrev S V, Stanley H E, et al. Networks formed from interdependent networks［J］. Nature physics, 2012, 8(1): 40-48.

139. Gill J C, Malamud B D. Reviewing and visualizing the interactions of natural hazards［J］. Reviews of Geophysics, 2014, 52(4): 680-722.

140. Guzzetti F, Mondini A C, Cardinali M, et al. Landslide inventory maps: New tools for an old problem［J］. Earth-Science Reviews, 2012, 112(1): 42-66.

141. Haimes Y Y, Horowitz B M, Lambert J H, et al. Inoperability Input-Output Model for Interdependent Infrastructure Sectors. I: Theory and Methodology

[J]. Journal of Infrastructure Systems, 2005, 11(2): 67-79.

142. Ka Mierczak A, Cavan G. Surface water flooding risk to urban communities: Analysis of vulnerability, hazard and exposure [J]. Landscape & Urban Planning, 2011, 103(2): 185-197.

143. Kappes M S, Gruber K, Frigerio S, et al. The MultiRISK platform: The technical concept and application of a regional-scale multihazard exposure analysis tool[J]. Geomorphology, 2012, 151: 139-155.

144. Kappes M S, Keiler M, von Elverfeldt K, et al. Challenges of analyzing multi-hazard risk: a review[J]. Natural Hazards, 2012, 64(2): 1925-1958.

145. Kendall M G. Rank correlation methods[J]. British Journal of Psychology, 1990, 25(1): 86-91.

146. Lee Ii E E, Mitchell J E, Wallace W A. Restoration of services in interdependent infrastructure systems: A network flows approach [J]. IEEE Transactions on Systems, Man, and Cybernetics, Part C (Applications and Reviews), 2007, 37(6): 1303-1317.

147. Li J, Chen C. Modeling the dynamics of disaster evolution along causality networks with cycle chains [J]. Physica A: Statistical Mechanics and its Applications, 2014, 401: 251-264.

148. Mann H B. Nonparametric test against trend[J]. Econometrica, 1945, 13 (3): 245-259.

149. Maskrey A. Disaster Mitigation: A community based approach[J]. Oxford England Oxfam, 1989.

150. Masuda N, Miwa H, Konno N. Geographical threshold graphs with small-world and scale-free properties[J]. Physical review. E, Statistical, nonlinear, and soft matter physics, 2005, 71: 36108.

151. Merz B, Kreibich H, Schwarze R, et al. Review article 'Assessment of economic flood damage'[J]. Natural Hazards and Earth System Sciences, 2010, 10 (8): 1697-1724.

152. Meimei G, Mengchu Z, Xiaoguang H, et al. Fuzzy reasoning Petri nets [J]. IEEE Transactions on Systems, Man, and Cybernetics - Part A: Systems and Humans, 2003, 33(3): 314-324.

153. Meyer V, Becker N, Markantonis V, et al. Review article: Assessing the costs of natural hazards-state of the art and knowledge gaps[J]. Natural Hazards and

Earth System Sciences, 2013, 13(5): 1351-1373.

154. Nott J. Extreme events: A physical reconstruction and risk assessment [M]. Cambridge University Press, 2006.

155. Neri A, Aspinall W P, Cioni R, et al. Developing an Event Tree for probabilistic hazard and risk assessment at Vesuvius[J]. Journal of Volcanology and Geothermal Research, 2008, 178(3SI): 397-415.

156. Ouyang M. Review on modeling and simulation of interdependent critical infrastructure systems[J]. Reliability Engineering & System Safety, 2014, 121: 43-60.

157. Peijun S, Jiabing S, Wenfang C, et al. Study on Large-Scale Disaster Risk Assessment and Risk Transfer Models [J]. International Journal of Disaster Risk Science, 2010(02): 1-8.

158. Pescaroli G, Alexander D. Critical infrastructure, panarchies and the vulnerability paths of cascading disasters[J]. Natural Hazards, 2016, 82(1): 175-192.

159. Pescaroli G, Alexander D. Understanding Compound, Interconnected, Interacting, and Cascading Risks: A Holistic Framework[J]. Risk Analysis, 2018, 38(11): 2245-2257.

160. Pescaroli G, Nones M, Galbusera L, et al. Understanding and mitigating cascading crises in the global interconnected system [J]. International Journal of Disaster Risk Reduction, 2018, 30: 159-163.

161. Petri C. Kommunikation mit Automaten[D]. University of Bonn, 1962.

162. Press W H, Teukolsky S A, Flannery B P, et al. Numerical Recipes in FORTRAN: the art of scientific computing[M]. Cambridge University Press, 1992.

163. Rawls W J, Ahuja L, Brakensiek D L, et al. Infiltration and soil water movement[J]. Handbook of Hydrology, 1993, 5.

164. Rinaldi S M, Peerenboom J P, Kelly T K. Identifying, understanding, and analyzing critical infrastructure interdependencies [J]. IEEE Control Systems Magazine, 2001, 21(6): 11-25.

165. Rufat S, Tate E, Burton C G, et al. Social vulnerability to floods: Review of case studies and implications for measurement[J]. International Journal of Disaster Risk Reduction, 2015, 14(4): 470-486.

166. Sahoo B, Bhaskaran P K. Prediction of storm surge and inundation using

climatological datasets for the Indian coast using soft computing techniques[J]. Soft Computing, 2019, 23(23): 12363-12383.

167. Sayama T, Ozawa G, Kawakami T, et al. Rainfall-runoff-inundation analysis of the 2010 Pakistan flood in the Kabul River basin [J]. Hydrological Sciences Journal, 2012, 57(2): 298-312.

168. Service U S. SCS National Engineering Handbook, Section 4-Hydrology [M]. U. S. Government Printing Office, 1971.

169. Shao F, Gu J. IMHD-ST: an Algorithm for 3-Dimensional Spatial-Temporal Trajectory Matching[J]. China Communications, 2010, 7(6): 128-140.

170. Tehrany M S, Pradhan B, Jebur M N. Spatial prediction of flood susceptible areas using rule based decision tree (DT) and a novel ensemble bivariate and multivariate statistical models in GIS[J]. Journal of Hydrology, 2013, 504: 69-79.

171. Tehrany M S, Pradhan B, Jebur M N. Flood susceptibility analysis and its verification using a novel ensemble support vector machine and frequency ratio method[J]. Stochastic Environmental Research and Risk Assessment, 2015, 29 (4): 1149-1165.

172. Termeh S V R, Kornejady A, Pourghasemi H R, et al. Flood susceptibility mapping using novel ensembles of adaptive neuro fuzzy inference system and metaheuristic algorithms [J]. Science of the Total Environment, 2018, 615: 438-451.

173. Unisdr. Sendai Framework for Disaster Risk Reduction 2015-2030 [R]. The Third UN World Conference on Disaster Risk Reduction in Sendai City, Japan, 2015.

174. Watts D J, Strogatz S H. Collective dynamics of 'small-world' networks [J]. Nature, 1998, 393(6684): 440-442.

175. Winkler J, Due N As-Osorio L, Stein R, et al. Interface network models for complex urban infrastructure systems [J]. Journal of Infrastructure Systems, 2011, 17(4): 138-150.

176. Wong K W, Wong P M, Gedeon T D, et al. Rainfall prediction model using soft computing technique[J]. Soft Computing, 2003, 7(6): 434-438.

177. Yang K, Davidson R A, Nozick L K, et al. Scenario-Based Hazard Trees for Depicting Resolution of Hurricane Uncertainty over Time [J]. Natural Hazards

Review, 2017, 18(3): 4017001.

178. Yu F, Li X, Wang S. CBR Method for Risk Assessment on Power Grid Protection Under Natural Disasters: Case Representation and Retrieval [M]. Springer International Publishing, 2015.

179. Zhang L, Landucci G, Reniers G, et al. DAMS: A Model to Assess Domino Effects by Using Agent-Based Modeling and Simulation[J]. Risk Analysis, 2018, 38(8): 1585-1600.

180. Zhang M Y, Liu Y, Yuan Y B. Research on Integrated Risk Evaluation on Urban Natural Disaster[J]. Journal of Disaster Prevention & Mitigation Engineering, 2012, 32(2): 50-54.

181. Zhang Y, Fan G, He Y, et al. Risk assessment of typhoon disaster for the Yangtze River Delta of China[J]. Geomatics, Natural Hazards and Risk, 2017, 8 (2): 1580-1591.

182. Zuccaro G, De Gregorio D, Leone M F. Theoretical model for cascading effects analyses [J]. International Journal of Disaster Risk Reduction, 2018, 30 (SIB): 199-215.